Selber machen statt kaufen – Garten und Balkon

Herausgegeben von **smarticular.net**
Das Ideenportal für ein einfaches und nachhaltiges Leben

Selber machen
statt kaufen – Garten und Balkon

111 Projekte und Ideen
für den naturnahen Biogarten

Herausgegeben von **smarticular.net**
Das Ideenportal für ein einfaches und nachhaltiges Leben

Herausgeber: smarticular Verlag

ISBN: 978-3-946658-30-6

ISBN E-Book mobi: 978-3-946658-31-3

ISBN E-Book epub: 978-3-946658-32-0

smarticular Verlag ist ein Imprint der Business Hub Berlin UG (haftungsbeschränkt)

2111

RECYCLED
Papier aus Recyclingmaterial
FSC® C009315

Unserer Umwelt zuliebe wurde dieses Buch auf umweltfreundlichem Recyclingpapier gedruckt, ausgezeichnet mit dem FSC®-Zertifikat für Papier aus Recyclingmaterial, dem Blauen Engel und dem EU-Ecolabel.

Gedruckt in Deutschland von DRUCKZONE GmbH & Co. KG, Cottbus

Urheberrecht

Haftungsausschluss

Alle Rezepte und Tipps in diesem Buch wurden nach bestem Wissen erstellt. Für die Richtigkeit und Vollständigkeit der Rezepte, Anleitungen und Tipps kann jedoch keine Haftung übernommen werden. Des Weiteren wird keine Haftung übernommen für fehlerhafte Zubereitung und Anwendung, auch nicht für Gesundheitsschäden durch unsachgemäße Handhabung. Die Anwendungen und Rezepte in diesem Buch bieten keinen Ersatz für eine therapeutische oder medizinische Behandlung. Im Zweifelsfall sollte ein Arzt zurate gezogen werden.

Inhalt

Einleitung

Sein eigenes Essen anzubauen,
ist wie sein eigenes Geld zu drucken.
Ron Finley, amerikanischer Designer und Guerilla-Gärtner

Es gibt viele gute Gründe, einen naturnahen Biogarten anzulegen, selbst wenn er nur aus einem Pflanzkübel auf dem Balkon besteht. Während es früher selbstverständlich war, einen Teil der eigenen Lebensmittel im Garten neben dem Haus anzubauen, verlassen wir uns heutzutage auf das Angebot im Supermarkt. Warum auch nicht? Alles ist immer verfügbar, selbst exotische Früchte, überall und zu jeder Jahreszeit. Oft sind jedoch die Transportwege lang und die Anbaubedingungen sowie die Qualität unklar.

Dieser industrielle Massenkonsum hat viele negative Folgen: Rückgang der Artenvielfalt, Monokulturen, Bodenerosion und Pestizidrückstände im Essen sind dabei die bekanntesten. Biolabels bringen zwar ein bisschen mehr Klarheit, aber selbst im Biolandbau werden teils zweifelhafte Spritzmittel und Anbaumethoden eingesetzt, um wirtschaftlich produzieren zu können. Das im Supermarkt verfügbare Obst und Gemüse ist „uniform", und viele alte Sorten sind weitgehend in Vergessenheit geraten. All diese Gründe machen es schwierig zu entscheiden, welche Lebensmittel wir konsumieren wollen und welche lieber nicht.

Immer mehr Menschen entscheiden sich deshalb dafür, wieder selbst Verantwortung zu übernehmen und wenigstens einen Teil der Nahrung selbst anzubauen! Ob im eigenen Garten, dem Mietbeet oder auf dem Balkon: Möglichkeiten gibt es nahezu überall. Wer dann noch mit einigen Prinzipien der Permakultur und im Einklang mit der Natur arbeitet, statt zu versuchen, sie seinem Zweck zu unterwerfen, erschafft neben gesundem Essen sogar noch eine kleine Oase für die „wilde" Natur.

Warum naturnahes Gärtnern?

Bienenfreundliche Blumenwiesen statt Rasen, Gemüse statt Zierpflanzen, Heilkraut statt Unkraut, essbare Bodendecker statt Flächen aus Stein – es gibt zahlreiche unkonventionelle Möglichkeiten, natürlicher, gesünder und zugleich einfacher zu gärtnern.

Das sind die Gründe, warum es sich lohnt, sein Essen selbst anzubauen:

- Lebensmittel aus dem naturnahen Biogarten sind gesünder, weil sie komplett ohne giftige Pflanzenschutzmittel und künstlichen Dünger auskommen.
- Biogärten sind gut für die Umwelt, weil sie Oasen für Insekten und Vögel darstellen und alten Sorten Raum geben, deren Vielfalt und Lebensraum durch tote Designergärten und Monokultur-Felder immer weiter schrumpfen.
- Dinge im Garten selbst zu machen und wiederzuverwenden, spart Geld, weil die vorhandenen Ressourcen in natürlichen Kreisläufen genutzt werden, statt teure Spritzmittel, Düngemittel und andere Helfer zu kaufen.
- Gärtnern macht dich unabhängiger und glücklich, weil die Aktivitäten in der Natur Balsam für Körper und Seele sind.

Auf dem Ideenportal *smarticular.net* für ein einfaches und nachhaltiges Leben haben wir bereits zahlreiche Anleitungen und Rezepte für den eigenen naturnahen Biogarten und -balkon gesammelt. Die 111 besten und nützlichsten Projekte und Ideen stellen wir in diesem Buch vor. Weil der Platz begrenzt ist, können wir leider nicht alle Themen rund ums Gärtnern behandeln. Für diejenigen, die mehr allgemeine Informationen und Anleitungen zu Gartenbau, Biolandbau und Permakultur suchen, haben wir im Literaturverzeichnis auf Seite 186 Quellen zum Weiterlesen zusammengestellt.

Prinzipien der Permakultur

Die wilde Natur kommt ohne Gärtner aus, weil alles in geschlossenen Kreisläufen stattfindet. Diese Idee aufgreifend, versuchen Biolandwirte und Biogärtner mit Prinzipien der sogenannten Permakultur, Konzepte der Natur auch auf dem Feld oder im Garten nachzubilden. Das Ergebnis sind künstliche Ökosysteme mit hohem Ertrag, die in ihrer Stabilität, Diversität und Widerstandsfähigkeit an natürliche Ökosysteme heranreichen. Oft ist ein Umdenken erforderlich, weil die Ideen mit den Vorschlägen in konventionellen Gartenratgebern manchmal nicht zusammenpassen.

Wer einige der Prinzipien für sich übernimmt und für den eigenen Garten adaptiert, wird mit einem natürlicheren, pflegeleichteren und dennoch ertragreichen Garten belohnt. Einen universellen Leitfaden oder Bauplan für Permakulturgärten gibt es jedoch nicht – jedes Fleckchen Erde ist anders und erfordert eine etwas andere Herangehensweise. Die folgende Auflistung ist unser Versuch, die komplexen und teilweise recht philosophisch gehaltenen Prinzipien und Leitlinien in einfache, klare Worte zu fassen:

1. **Beobachte die Natur und lerne von ihr**, aber versuche nicht, ihr deinen Willen aufzuzwingen.

2. **Ermögliche Vielfalt**, statt Monokulturen erzwingen zu wollen.

3. **Fördere das Netzwerk sich gegenseitig positiv beeinflussender Pflanzen, Tiere und anderer Elemente**, statt sie nur isoliert zu betrachten.

4. **Nutze und fördere die natürliche Widerstandsfähigkeit**, statt mit künstlichen Einzelmaßnahmen Probleme lösen zu wollen.

5. **Nutze die vorhandene Energie effizient**, etwa indem du auf natürliche Gefälle, Sonnenwärme und Wärmespeicher wie zum Beispiel Mauern aus Stein zurückgreifst.

6. **Denke und plane in Kreisläufen wie die Natur** – fast alles, was nötig ist, ist schon da, und alles erfüllt einen Zweck.

7. **Setze auf die Kooperation verschiedener Tiere, Pflanzen und anderer Elemente**, damit sie voneinander profitieren können.

8. **Sei kreativ und denke unkonventionell** – jeder Garten ist anders, und ein Richtig und Falsch gibt es (meistens) nicht.
9. **Nutze Wasser effizient wie die Natur** – mit der richtigen Herangehensweise wird dein Garten resistenter gegen Trockenheit oder Nässe.
10. **Gestalte und plane natürlich und vielfältig** – und scheue nicht davor zurück, Dinge zu ändern, wenn sie sich als ungünstig herausgestellt haben.

Die vielen Aufgaben sind aber kein Grund zur Sorge, im Gegenteil. Es ist unmöglich, alle auf einmal (und alle richtig) zu erfüllen. Stattdessen ist es sinnvoll, mit kleinen Schritten zu beginnen und so nach und nach ein immer besseres Bewusstsein für Permakultur-Lösungen im eigenen Garten zu gewinnen.

Genauso halten wir es in diesem Buch: Es ist bei Weitem kein umfassender Ratgeber rund um die Permakultur, aber an vielen Stellen wurden Ideen der Permakultur aufgegriffen, um den Biogarten, die Terrasse und selbst den Balkon mit einfachen Mitteln natürlicher und schöner zu gestalten.

Bevor es losgeht ...

Bevor du zur Tat schreitest, sollten wir noch etwas Erwartungsmanagement betreiben. Alle Rezepte und Anleitungen in diesem Buch wurden sorgfältig getestet, von Lesern ausprobiert und häufig mit wertvollen Rückmeldungen noch weiter verbessert. Dennoch ist jede Situation etwas anders und jeder Mensch unterschiedlich. Anders als bei Industrieprodukten wurden mit den selbst gemachten Gartenhelfern keine aufwendigen Testreihen und Versuche mit allen erdenklichen Materialien und Situationen durchgeführt. Deshalb kann es passieren, dass ein Mittel einmal nicht sofort gelingen oder sogar partout nicht funktionieren will.

Wenn du eine neue Anleitung etwa für ein Biospritzmittel ausprobierst, beginne am besten mit kleinen Mengen und probiere es an ausgewählten Pflanzen(-teilen) oder in einem kleinen Bereich des Gartens. So gehst du sparsam mit den Zutaten um. Zugleich gelingt es dir gegebenenfalls leichter, die Rezeptur an deine Bedürfnisse anzupassen.

Falls du unsicher bist, besteht die Möglichkeit, dem Verweis auf smarticular.net unter dem jeweiligen Rezept zu folgen, die Kommentare auf der Website zu lesen oder deine eigene Frage zu stellen.

Immer auf dem neuesten Stand

Jeden Tag lernen wir dazu, und genau das ist es, was uns motiviert, das Ideenportal smarticular.net und unsere Bücher immer weiter zu verbessern. Es liegt aber in der Natur eines gedruckten Buches, dass nicht alle Informationen immer auf dem neuesten Stand sind. Deshalb empfehlen wir, dieses Buch mit den Vorteilen der Website zu kombinieren. Dies sind nur einige Möglichkeiten dafür:

- Auf der Webseite 🌐 *smarticular.net/selber-machen-garten-balkon* findest du aktuelle Informationen zu diesem Buch, kannst Anmerkungen, Lob oder Kritik hinterlassen, Fragen an uns stellen und wichtige Verbesserungen zu einzelnen Tipps nachlesen.
- Zu den einzelnen Rezepten in diesem Buch gibt es Verweise auf Online-Beiträge, in denen du aktuelle Informationen und hilfreiche Kommentare erhältst.
- Selbstverständlich freuen wir uns, wenn dich andere Themen auf smarticular.net interessieren. Damit du immer auf dem Laufenden bleibst, empfehlen wir dir, unseren Newsletter zu abonnieren und uns in den sozialen Netzwerken zu folgen.

Wir wünschen dir viel Spaß und Erfolg mit diesem Buch, den Ideen und Rezepten.

Das Team von smarticular.net

Abkürzungen

TL	Teelöffel, entspricht circa 5 Millilitern
EL	Esslöffel, entspricht circa 15 Millilitern
geh.	Gehäufter Teelöffel oder Esslöffel
gest.	Gestrichener Teelöffel oder Esslöffel
Tr.	Tropfen, ein Milliliter sind ungefähr 20–25 Tropfen
ml	Milliliter
L	Liter
g	Gramm
kg	Kilogramm
Msp.	Messerspitze
Pck.	Päckchen

Weniger Rasen, mehr Garten

Ein kurz getrimmter englischer Rasen mag optisch etwas hermachen, für Bienen und andere Lebewesen ist er jedoch weitgehend nutzlos. Wie wäre es, wenn auf einem Teil der Fläche stattdessen Wildblumen, blühende Kräuter oder sogar eigenes Gemüse wachsen würden? Sie alle bieten Nahrung und Schutz für Insekten und bringen sogar nahezu kostenloses Essen für dich hervor.

Aus Rasen Beete machen

Wer schon auf herkömmliche Art ein Beet angelegt hat, weiß, wie aufwendig das ist: umgraben, die Grasnarbe abtragen, einzelne Wurzeln aus der Erde sammeln ... Was nach einem Projekt mit viel schweißtreibender Arbeit klingt, lässt sich dank Ideen aus der Permakultur sehr viel einfacher und bequemer gestalten, wenn man mit der Natur zusammenarbeitet und natürliche Prozesse für sich nutzt. Mit der folgenden Anleitung verwandelst du ohne viel Aufwand jede Rasenfläche in ein fruchtbares Mulchbeet – ganz ohne Umgraben.

Benötigte Materialien:

- Bretter, Äste, Pflöcke, Steine oder Ähnliches für die Umrandung des Beets – am besten eignen sich längere Äste von Bäumen und Hecken, die im Herbst oder Frühling sowieso einen Schnitt vertragen können.
- Möglichst große Stücke unbedruckte Pappe – Klebestreifen, Adressaufkleber etc. vorher entfernen.
- Komposterde – aus der Kompostieranlage oder aus dem eigenen Kompost, alternativ Mutterboden oder ergänzend auch Stallmist. Fast überall kann man sich reife Komposterde preiswert aus der nächsten Kompostieranlage anliefern lassen.
- Gröberes Material zum Mulchen – Herbstlaub, Grasschnitt, gehäckselter Strauchschnitt usw. eignen sich.
- Wenn das Beet im Herbst oder sehr zeitig im Frühjahr angelegt wird, empfiehlt sich eine Gründüngung als Wind- und Wetterschutz (siehe Seite 46).

So entsteht das Mulchbeet:

1. Beetgröße festlegen und Beetumrandung aufbauen. Dafür empfiehlt es sich, etwa 30–40 Zentimeter lange Aststücke anzuspitzen und im Abstand von etwa 40 Zentimetern in den Boden zu schlagen. Dann dünnere Zweige, Weidenruten u. Ä. hineinflechten, ähnlich wie bei einem Korb. Die Umrandung sollte 10–20 Zentimeter hoch sein. Unbehandelte Holzbretter, Baumstämme, Feldsteine und ähnliches Material können ebenfalls eine sinnvolle Beetumrandung ergeben.

2. Die komplette Beetfläche mit Pappe abdecken, damit Gräser und Kräuter nicht von unten hindurchwachsen. Die Kartonstücke einige Zentimeter überlappend auslegen. Anschließend mit einer Gießkanne anfeuchten, um die Verrottung zu unterstützen.

3. Auf der Pappe eine fünf bis zehn Zentimeter dicke Schicht Komposterde verteilen. Hier können auch Stallmist, halbverrotteter Kompost, Bokashi und Ähnliches untergemischt werden, vor allem dann, wenn das Beet im Herbst angelegt wird und den Winter über noch reifen kann.

4. Zum Schluss alles mit einer Mulchschicht aus Laub, Gras o. Ä. abdecken. Eine Grasschnitt-Schicht sollte nicht zu dick sein, höchstens zwei bis drei Zentimeter, damit sie verrottet, ohne zu schimmeln.

5. Wenn das Beet schon im Herbst angelegt wird oder sehr früh im Jahr, ist es noch möglich, eine Gründüngung auszubringen. Mit Gründüngepflanzen wie Senf, Lupine und ähnlichen werden die Nährstoffe im Boden gehalten. Sie schützen das Beet zugleich vor Erosion und tragen zur Humusbildung bei.

Durch die aufgelegten Pappkartons geht der Rasen unter dem Beet ein und wird durch Regenwürmer und andere Nützlinge zersetzt, ebenso die Pappe. Du erhältst ein nährstoffreiches Beet, das sich im Frühjahr – nach den Regeln zur richtigen Fruchtfolge im Gemüsebeet – zuerst mit Starkzehrern bepflanzen lässt (siehe Seite 62).

Tipp: Eilige Gärtner können ein solches Schichtbeet mit Pappe auch noch kurz vor der Pflanzzeit im Frühjahr anlegen und zeitnah bepflanzen. In diesem Fall empfiehlt es sich, mit einer etwas dickeren Schicht Komposterde abzuschließen. Der Zersetzungsprozess findet dann parallel statt.

smarticular.net/mulchbeet

Warum du dir ein Hochbeet zulegen solltest

Ein Hochbeet verschönert den Garten und bringt eine Menge praktischer Vorzüge mit sich. Vielleicht findet sich auch in deinem Garten ein Plätzchen für ein solches Beet? Die gleichen Vorzüge treffen auf großzügige Pflanzkübel für Balkon und Terrasse zu.

1. Ergonomisches Jäten

Im Gegensatz zu normalen Beeten schonen Hochbeete den Rücken und die Gelenke. Sie haben normalerweise eine Höhe von 80 bis 100 Zentimetern, sodass du dich bei der Aussaat, Pflege und Ernte nicht bücken musst.

2. Weniger Schädlinge

Gärtner haben oft mit Wühlmäusen, Maulwürfen und Nacktschnecken zu kämpfen, die den Gemüse- und Kräuteranbau schädigen. Ein Hochbeet verringert dieses Problem, ohne dass du Schädlingsbekämpfungsmittel einsetzen müsstest. Am Boden des Beetes verlegter Kaninchendraht verhindert, dass Nager eindringen.

Durch die Höhe des Beetes gelangen Schnecken nicht so leicht hinein. Um auf Nummer sicher zu gehen, empfiehlt es sich, auf der Oberkante eine umlaufende, nach unten abgewinkelte Kante aus Stahlblech montieren.

3. Fruchtbare Erde trotz kargen Bodens

Nicht jeder Boden ist für den Nahrungsanbau geeignet. Böden können belastet, nährstoffarm oder zu dicht sein, um erfolgreich Gemüse anzupflanzen. Ein Hochbeet macht dich von der Bodenbeschaffenheit unabhängig, weil du es mit hochwertiger Komposterde auffüllen kannst, zum Beispiel aus einer Kompostieranlage für Grünabfälle. Da das Beet zusätzlich mit verschiedenen organischen Substanzen gefüllt wird, die nach und nach verrotten, werden die Pflanzen ständig mit neuen Nährstoffen versorgt. Die Pflanzen gedeihen, ohne dass du Dünger ausbringen müsstest.

4. Üppige Ernte auf kleinem Raum

Die Erträge auf einem Hochbeet sind im Vergleich zum herkömmlichen Beet überproportional höher. Das liegt am günstigen Mikroklima und am nährstoffreichen Boden im Hochbeet. Dank der reichen Ernte auf minimalem Raum ist ein Hochbeet auch perfekt für den eigenen Gemüseanbau auf Balkon und Terrasse oder in einem Garten mit wenig Platz geeignet.

5. Längere Anbausaison

Im Hochbeet beginnt die Gartensaison früher als in einem regulären Beet, und selbst im Winter hast du die Möglichkeit, frisches Gemüse zu ernten. Die exponierte Lage und die Freisetzung von Verrottungswärme sorgen dafür, dass sich das Beet im Frühjahr zeitiger erwärmt und du schneller mit dem Anpflanzen beginnen und früher ernten kannst. Wenn du dein Beet mit einem verschließbaren Dach versiehst, kannst du bis in den Winter hinein ernten.

6. Sinnvolle Verwertung für Gartenabfälle

Hochbeete werden, abgesehen von Erde, mit einer Mischung aus Holz- und Strauchschnitt, Laub, Grasschnitt und anderen kompostierbaren Gartenabfällen befüllt. Da sie normalerweise im Herbst oder Frühjahr gebaut oder befüllt werden, finden auch die anfallenden Grünabfälle Verwendung.

Wer sein Beet im Winter nicht bepflanzt, kann im Herbst die Erde zur Seite rechen und das Beet mit Grünschnitt und Gartenabfällen auffüllen, die über den Winter verrotten und Nährstoffe an die obere Erdschicht abgeben. So bleiben wertvolle Nährstoffquellen in einem geschlossenen Kreislauf im Garten, statt über die Biotonne entsorgt zu werden.

▶ Was du vor dem Bau eines Hochbeets bedenken solltest

Trotz der zahlreichen Vorteile gibt es auch einige Nachteile zu bedenken. Sie betreffen die für ein Hochbeet geeigneten Pflanzenarten, die Anschaffungskosten und den Arbeitsaufwand beim Bau.

Für einen Anbau im Hochbeet ungeeignet sind raumgreifende Pflanzenarten, etwa Buschbohnen, Mais, Spargel und Kürbis. Da auf kleinem Raum gegärtnert wird, ist es außerdem wichtig, auf die Verträglichkeit der Pflanzen untereinander zu achten. Während manche Pflanzen einander vor Schädlingen schützen, hemmen andere gegenseitig ihr Wachstum. Ein hoher Ernteertrag ist möglich, wenn in sinnvoller Mischkultur gepflanzt wird (siehe Seite 55).

Ein Hochbeet verfügt im ersten Jahr über reichlich Nährstoffe. Das ist für manche Pflanzen zu viel, und einige Gemüsesorten reichern sich deswegen leicht mit ungesundem Nitrat an. Darum sollten im ersten Jahr bevorzugt Starkzehrer angebaut werden, die kein Nitrat speichern. Dazu gehören Tomaten, Gurken und Kohl. Im zweiten Jahr fühlen sich auch Mittelzehrer wie Salat, Radieschen und Kohlrabi wohl. Ab dem dritten Jahr ist es sinnvoll, auch Schwachzehrer anzupflanzen. Auf Seite 62 findest du mehr Informationen über die richtige Fruchtfolge im Gemüsebeet.

smarticular.net/hochbeet

Hochbeet bauen aus Paletten

Aus Europaletten lassen sich Hochbeete in unterschiedlichen Varianten bauen. Für ein etwa 2,40 Meter langes und 1,40 Meter breites Beet brauchst du folgende Materialien:

- 7 Einwegpaletten oder Europaletten, 80 × 120 cm
- 40 Holzschrauben, z. B. 6 × 120 mm
- 7,5 × 1 m Teichfolie, mindestens 0,5 mm dick (aus dem Baumarkt), alternativ Kokosmatten für eine plastikfreie Variante
- Akkuschrauber, Tacker, Kuhfuß oder Brechstange

Tipp: Europaletten sind fast unverwüstlich, aber auch relativ schwer. Einwegpaletten bestehen dagegen meist aus dünnen Holzlatten, sind leichter und weniger stabil. Dafür sind sie häufig kostenlos erhältlich.

So gelingt's:

1. Einen geeigneten Standort für das Hochbeet auswählen. Empfehlenswert ist ein vollsonniger Standort mit direktem Erdkontakt.
2. Rasen entfernen und die Grassoden für die spätere Befüllung verwenden.
3. Sechs Paletten jeweils hochkant auf die längeren Seiten so zusammenstellen, dass sie ein Rechteck ergeben. Die beiden kürzeren Seiten des Rechtecks, die aus je einer Palette bestehen, werden dabei von den Paletten der längeren Seiten eingefasst. Die Unterseiten der Paletten zeigen nach außen.
4. Zunächst jeweils drei Paletten zu einer U-Form zusammenschrauben. Dafür die Latten der einen Palette mit je zwei Schrauben an den anliegenden Holzblöcken der anderen Palette befestigen (pro Hochbeet-Ecke also jeweils sechs Schrauben).
5. Die beiden U-Formen so ausrichten, dass sie nicht kippen können und möglichst gerade und im rechten Winkel zueinander stehen. Dazu eventuell den Boden unter den Ecken etwas auffüllen oder abtragen.

6. Die aufeinandertreffenden Holzblöcke der beiden U-Formen mit jeweils zwei Schrauben aneinander befestigen (sechs Schrauben pro Seite). Dafür den einen Block durchbohren (sechs Millimeter), mit einem stärkeren Bohrer (12 Millimeter) etwa zur Hälfte aufbohren, sodass die Schraubenköpfe darin versinken können, und die Schrauben bis in den anderen Block schrauben.

7. Mit einem Kuhfuß oder einer Brechstange von der überzähligen Palette zwei der unteren „Schienen" samt Holzklötzen entfernen und die beiden U-Formen damit zusätzlich verbinden. Dafür eine der Schienen im Bodenbereich, die andere an der oberen Kante festschrauben, damit die beiden langen Rechteckseiten, die durch die Erdfüllung Druck ausgesetzt sind, stabilisiert werden.

8. Die Innenwände des Hochbeetes mit Teichfolie oder Kokosmatten auskleiden. Dabei den oberen Rand der Folie mindestens zehn Zentimeter über den Palettenrahmen stehen lassen und mit Steinen beschweren, damit die Folie beim Befüllen des Hochbeetes noch etwas Spiel hat und nicht einreißt. Der Boden des Hochbeetes bleibt frei.

9. Die Folie oder Matten vor dem Einfüllen der letzten Erdschicht befestigen. Dafür den überstehenden Folienrand umschlagen und etwa eine Handbreit unter der Oberkante des Palettenrahmens festtackern.

Tipp: Im Idealfall wird das Hochbeet so ausgerichtet, dass die langen Seiten nach Osten und Westen zeigen, damit die schräg stehende Morgen- und Abendsonne auf die Seiten des Beetes trifft und die Erde optimal erwärmen kann.

▶ Variationen des Paletten-Hochbeets

Um den Befall durch Wühlmäuse zu verhindern, empfiehlt es sich, den Boden des Hochbeetes mit feinmaschigem Drahtgitter zu sichern, bevor die Teichfolie angebracht wird. Du benötigst etwa 1,5 × 2,5 Meter Drahtgeflecht. Die überstehenden Ränder nach oben biegen und mit einem Tacker am Palettenrahmen befestigen.

Das Hochbeet wird vor Bodenfeuchtigkeit geschützt, indem du den Palettenrahmen auf einen Ring aus Steinen stellst. Dafür zwölf Steinplatten oder Betonpflastersteine unter den Ecken und den seitlichen Holzblöcken platzieren.

Mit dem übrig gebliebenen Holz der siebten Palette lassen sich die äußeren Schienen des Palettenrahmens von unten verschließen und als zusätzliche Pflanzkästen nutzen. Am besten kleidest du sie mit Resten der Teichfolie oder Kokosmatten aus. Auch Abschnitte einer Regenrinne passen genau in die äußeren Nischen und ergeben zusätzlichen Pflanzraum, zum Beispiel für essbare Blumen.

Bringe mit den überzähligen Latten alternativ an der Oberkante des Hochbeets einen Ablagerand an. Ein kleineres, etwa 1,2 Meter langes und 1,4 Meter breites Hochbeet lässt sich aus vier Paletten bauen. Dabei entfällt die zusätzliche Stabilisierung in der Mitte.

Das Hochbeet hält länger, wenn du vor dem Zusammenbauen die Lücken in den Paletten mit zusätzlichen Latten verschließt. Dadurch wird verhindert, dass die Folie in die Lücken gedrückt und durch Äste oder Ähnliches durchbohrt wird.

▶ Hochbeet befüllen

Um die Vorteile eines Hochbeets voll auszuschöpfen, ist eine schichtartige Befüllung wichtig. Sie sollte von unten nach oben immer kleinteiliger und stärker zersetzt sein. Was genau eingefüllt wird und wie dick die Schichten sind, kann je nach vorhandener Biomasse variieren.

So könnte die Befüllung aussehen:

1. Als unterste, etwa 25 Zentimeter dicke Schicht Äste und groben Strauchschnitt einfüllen. Am besten ins Hochbeet steigen und die Masse mit den Füßen komprimieren.
2. Eine Schicht Grassoden mit der Grasseite nach unten auflegen. So können feinere Schichtungen nicht durchfallen.
3. Es folgen etwa zehn Zentimeter feine Häcksel oder Herbstlaub.
4. Darauf wird eine etwa zehn Zentimeter dicke Schicht grober Kompost oder Pferdemist gegeben.
5. Anschließend mit etwa 20 Zentimeter halbreifem Kompost oder gereiftem Bokashi bedecken, der mit Gartenerde gemischt wurde.
6. Abschließend bis knapp unter den Rand mit Gartenerde auffüllen.

smarticular.net/hochbeet-paletten

Hügelbeet anlegen

Noch einfacher als ein Hochbeet ist ein Hügelbeet anzulegen, das ähnliche Vorzüge mit sich bringt. Es kommt ohne einen Rahmen aus und lässt sich fast kostenlos selbst bauen. Zudem schafft es mehr Anbaufläche auf engstem Raum und ist damit ideal für kleine Gärten!

Fast alles, was du für den Bau eines einfachen Hügelbeetes benötigst, findest du im Garten. Manches davon willst du vielleicht sowieso loswerden, sodass das Hügelbeet ganz nebenbei für einen aufgeräumten Garten sorgt.

Du benötigst:

- groben Strauch- und Baumschnitt
- Grassoden, Rasenschnitt, Laub, feines Schnittgut u. Ä.
- idealerweise Stallmist, zum Beispiel von Pferd oder Kaninchen, oder groben Kompost
- falls verfügbar, zusätzlich reifen Kompost oder Wurmkompost
- Gartenerde

Tipp: Ein Hügelbeet wird am besten im Herbst angelegt, wenn besonders viel Laub und Schnittgut anfällt. Denn dann kann sich dieses über den Winter etwas (zer-)setzen und das Beet im Frühjahr bepflanzt werden.

So wird's gemacht:

1. Einen passenden Platz für das Hügelbeet bestimmen und die Größe festlegen. Sinnvoll ist eine maximale Breite von einem bis eineinhalb Metern, damit alle Bereiche gut bearbeitet werden können. Die Höhe kann bis zu einem Meter betragen, die Länge je nach Platz ab etwa zwei Metern. Abweichende Maße sind ebenfalls möglich. Ein schmaler und gleichzeitig hoher Aufbau ist jedoch nicht empfehlenswert, da Erde und Pflanzen sonst abrutschen könnten. Die Längsseiten sind idealerweise nach Osten und Westen ausgerichtet, damit das Beet im Tagesverlauf möglichst viel Sonnenwärme abbekommt.

2. Die Grundfläche des Hügelbeetes etwa 20 Zentimeter tief ausheben. Wenn die Fläche von Gras bewachsen ist, Grassoden abstechen und zur Seite legen.

3. Als erste Schicht wird Baum- und Strauchschnitt (**1**) etwa 30 bis 40 Zentimeter hoch aufgeschichtet. Sehr grobes Material lässt sich mit den Füßen etwas verdichten.

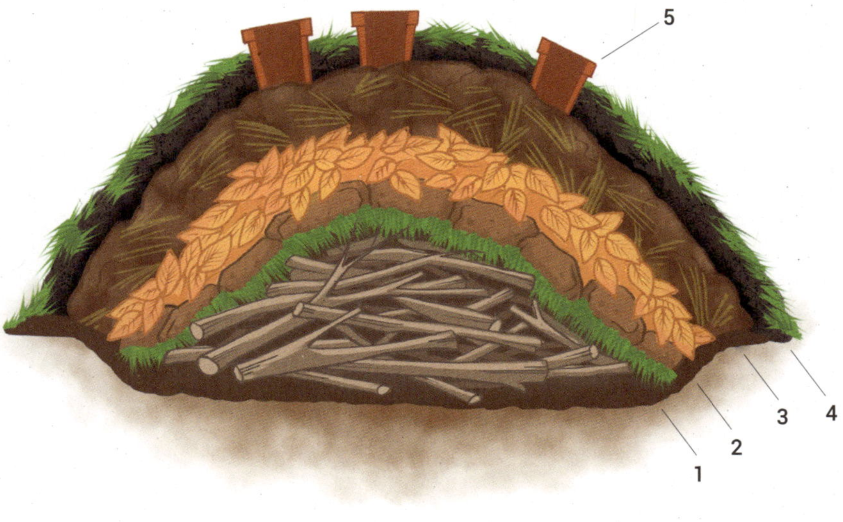

4. Darauf werden Grassoden (**2**) mit dem Grün nach unten gelegt sowie Laub, Rasenschnitt oder anderes Schnittgut, ebenfalls etwa 30 Zentimeter dick. Trockenes Material sollte zwischendurch gewässert werden, damit der fertige Hügel die jungen Pflänzchen mit Feuchtigkeit versorgen kann.

5. Es folgt eine 20 bis 30 Zentimeter dicke Schicht mit Stallmist oder halbreifem Kompost (**3**).

6. Zum Schluss wird das Beet mit einer etwa 20 Zentimeter dicken Schicht humusreicher Gartenerde (**4**) bedeckt. Da ein Hügelbeet wegen der größeren Oberfläche schneller austrocknet als ein flaches Beet, empfiehlt es sich, eine Bewässerungsrinne oben auf dem Beet zu formen oder einige Blumentöpfe mit Loch einzugraben (**5**), damit das Gießwasser langsam ins Innere des Beetes gelangt, statt außen daran herunterzulaufen.

7. Um schnelles Austrocknen und Erosion zu verhindern, empfiehlt es sich, das Beet mit einer Mulchschicht aus Rasenschnitt oder Laub abzudecken.

Jetzt ist das Beet fertig zum Bepflanzen! Es empfiehlt sich, ein im Herbst angelegtes Hügelbeet mit einer Gründüngung (siehe Seite 46) zu versehen, damit es nicht erodiert und damit noch mehr Nährstoffe im Boden gebunden werden. Die Gründüngung geht über den Winter ein und wird zu Humus.

▶ Hügelbeet bepflanzen

Im Frühjahr wird ein neu angelegtes Hügelbeet am besten mit vorgezogenen Setzlingen bepflanzt, da Samen leicht weggespült werden. Das Beet ist im ersten Jahr besonders nährstoffreich, sodass sich vor allem Starkzehrer wie Kürbisse, Zucchini, Tomaten, Gurken, Paprika und viele Kohlsorten wohlfühlen. Im zweiten Jahr können Mittelzehrer gepflanzt werden, zum Beispiel Kohlrabi, Möhren, Salate, Rote Bete, Spinat, Knoblauch und Zwiebeln.

Ab dem dritten und vierten Jahr folgen Schwachzehrer wie Kräuter, Feld- und Pflücksalat, Erbsen, Buschbohnen, Radieschen, Topinambur und Erdbeeren.

Nach spätestens sechs Jahren ist das Hügelbeet so weit ausgelaugt und durch Verrotten der groben Bestandteile abgesackt, dass es neu angelegt werden sollte. Die Erde ist dennoch wertvoll und kann im Garten verteilt oder für den Beet-Neubau verwendet werden.

smarticular.net/huegelbeet

Kartoffeln anbauen mit dem Kartoffelturm

Kartoffeln gehören zu den eher anspruchslosen Pflanzen, die trotzdem einen hohen Ertrag bringen. Sogar in der Wohnung lassen sie sich kultivieren und ernten, zum Beispiel in einem Eimer (siehe Seite 159).

Für kleine Gärten empfiehlt sich ein platzsparender Kartoffelturm. Als Variante des vertikalen Gärtnerns bringt er mehr Ertrag auf kleiner Fläche. Ohne größere Kosten gelingt es dir, ihn einfach selber zu bauen.

Gebraucht werden dafür:

1 Stück	Drahtgeflecht, circa 1 m hoch und 2 m breit (zum Beispiel feinmaschiger Kaninchendraht oder eine biegsame Zaunmatte)
2–3 kg	Stroh
2	Pflanzstäbe oder Holzlatten, etwa 10–20 cm länger, als das Drahtgeflecht hoch ist
	Draht oder Paketschnur
	Komposterde oder eine Mischung aus Erde und Terra Preta, Ferment aus dem Bokashi-Eimer, Pferde- oder Kleintiermist
	gekeimte Kartoffeln oder spezielle Steckkartoffeln
	Zange, eventuell Tacker

So wird der Kartoffelturm gebaut:

1. Die Stäbe oder Latten so an den Enden des Drahtgeflechts befestigen (bei Bedarf tackern), dass das Holz nach außen zeigt und beide Stäbe am gleichen Ende überstehen.
2. Das Drahtgeflecht zu einer Rolle formen, sodass die Stäbe bündig aneinanderstoßen. Die Latten an mehreren Stellen mit Draht oder Schnur zusammenbinden.

3. Einen sonnigen bis halbschattigen Standort für den Turm wählen. Wenn du ihn auf den Rasen oder ein Beet stellst, empfiehlt es sich, die überstehenden Stäbe für mehr Standsicherheit in den Boden zu bohren. Auf hartem Untergrund den Turm einfach umdrehen, sodass die Enden nach oben zeigen.

4. Den Kartoffelturm von innen circa 15 Zentimeter hoch mit einer Schicht Stroh auskleiden. Es verhindert, dass die Erde durch das Gitter fällt, gleichzeitig dient das Stroh als Mulchmaterial. Wenn der Turm auf einem wasserundurchlässigen Boden steht, wird auch der Boden mit einer Schicht Stroh bedeckt, damit überschüssiges Wasser gut abläuft. Mit Komposterde oder Erdgemisch auffüllen.

5. Die Kartoffeln am Rand entlang mit den Trieben nach außen und in einem Abstand von etwa 20 Zentimetern zueinander auslegen.

6. Einen neuen Strohrand formen und wieder mit Erde befüllen. Eine zweite Schicht Kartoffeln auslegen.

7. Den Turm auf diese Weise bis knapp unter den oberen Rand füllen und darauf achten, dass sich die Drahtform nicht verzieht und der Turm gerade steht. Die letzten Kartoffeln können über die ganze Fläche verteilt werden. Mit einer weiteren Erdschicht bedecken und abschließend Stroh darauf verteilen. Die Oberfläche lässt sich auch mit Süßkartoffeln bepflanzen.

Tipp: Auch bei Erdbeeren verspricht der Anbau in einem Turm reiche Ernte. Dafür den Turm mit Stroh und Erde füllen wie beschrieben und Erdbeerableger zwischen die Schichten stecken, sodass die Blätter seitlich und oben aus dem Stroh herausragen. Weitere Ableger der Setzlinge kannst du später von außen durch die Strohschicht nachpflanzen.

▶ Kartoffeln pflegen und ernten

Die Kartoffelpflanzen wachsen in den nächsten Wochen nicht nur an der Oberfläche, sondern auch seitlich durch das Gitter aus dem Turm heraus, sodass er mehr und mehr zu einem grünen Berg wird. Du brauchst nur darauf zu achten, dass die Erde gleichmäßig feucht bleibt.

Kartoffeln sollten möglichst bis Ende Mai gesteckt werden. Vorkeimen beschleunigt das Wachstum der Knollen, sodass sie weniger anfällig für Krankheiten und Schädlinge werden.

Wenn das Grün anfängt zu vertrocknen, sind die Kartoffeln reif. Dann wird die Drahtbefestigung gelöst und der Turm an den Stäben auseinandergezogen, sodass Erde und Kartoffeln entnommen werden können.

Wer nach dem Vertrocknen des Krautes noch einige Tage wartet, erhält Kartoffeln mit dickerer Schale, die sich besser lagern lassen. Die anhaftende Erde wird lediglich mit einer Bürste grob entfernt, gewaschen werden die Knollen erst direkt vor dem Verbrauch. Kartoffeln werden wie anderes Obst und Gemüse am besten kühl und dunkel gelagert.

smarticular.net/kartoffelturm

Kräuterspirale anlegen und bepflanzen

Eine Kräuterspirale bietet viele Vorteile gegenüber einem ebenerdigen Kräuterbeet. Durch ihren hügelartigen Aufbau mit verschiedenen Zonen finden viele Pflanzen mit unterschiedlichen Bedürfnissen Platz. So wächst der mediterrane Rosmarin hier genauso gut wie die feuchtigkeitsliebende Brunnenkresse. Die benötigten Baumaterialien für die Befestigung des spiralförmigen Hügels sind meistens schon vorhanden. Ideal geeignet sind Steine und unbehandeltes Holz.

Lege zuerst eine Liste mit Kräutern und Heilpflanzen an, die du gern in deiner Kräuterspirale hättest. Sorten, die sich sehr rasch ausbreiten und dabei andere Pflanzen verdrängen, oder besonders hochwüchsige Exemplare, die ihren Nachbarn das Licht nehmen, sind für den Anbau in einer Kräuterspirale weniger geeignet. Achte darauf, möglichst robuste Sorten für deine Kräuterschnecke auszuwählen.

Die meisten Kräuter können ab Anfang April bis September gesät oder gepflanzt werden. Die folgenden Pflanzen werden am häufigsten in der Küche verwendet und sind zum Teil auch geeignet, um verschiedene Beschwerden zu lindern.

▶ Sumpfzone

Eine Sumpfzone mit Miniteich am Fuß der Spirale braucht regelmäßig viel Wasser, um den Standort zu versorgen. Der Boden besteht in diesem Bereich aus Erde und Kompost. Pflanzen, die hier wachsen, haben es gern nass und warm, zum Beispiel Brunnenkresse, Kriechender Sellerie und Sedanina.

▶ Feuchtzone

Feucht, aber nicht nass, soll der Bereich der anschließenden Feuchtzone sein. Der Boden besteht aus einer Mischung aus Gartenerde, humusreicher Erde und Kompost. Hier fühlen sich zum Beispiel wohl: Ewiger Kohl, Zwerg-Taglilie und Wildkresse.

▶ Normale Zone

Der Boden im mittleren, erhöhten Teil der Kräuterspirale braucht frische, nährstoffreiche Erde, der ein wenig Sand zugesetzt wird, damit sie nicht zu viel Wasser speichert. Hier gedeihen besonders gut: Johanniskraut, Majoran und Oregano, Ringelblume und Cubanisches Strauchbasilikum.

▶ Mediterrane Zone

Für die Spitze der Spirale werden zu gleichen Teilen Gartenerde und Sand gemischt. In diesem Bereich werden Mittelmeerpflanzen eingesetzt, die einen trockenen, nährstoffarmen Boden bevorzugen: Thymian, Lavendel, Zwergsalbei und Rosmarin fühlen sich hier besonders wohl.

smarticular.net/kraeuterspirale

Natürlich gesund mit dem Apothekerbeet

Gegen jede Krankheit ist ein Kraut gewachsen, wie schon die Nonnen und Mönche im Mittelalter wussten. Traditionell bauten sie in ihren Klostergärten zahlreiche Pflanzen an, um bei Erkrankungen schnell auf das passende Heilkraut zurückgreifen zu können. Auch Apotheken verfügten früher über sogenannte Apothekergärten, die es ihnen ermöglichten, ihre Kunden mit den vielfältigen Heilkräften der Natur zu versorgen.

Abgesehen von einigen Kräutergärten in Parks und botanischen Gärten ist diese Praxis leider in Vergessenheit geraten. Dabei lassen sich viele heilsame Kräuter problemlos im eigenen Garten, auf dem Balkon oder sogar auf der Fensterbank anpflanzen. In Form lindernder Tees oder selbst gemachter Tinkturen vermag sie auch ein Laie leicht anzuwenden und sich auf diese Weise manchen Arztbesuch zu ersparen.

Die Liste der heilkräftigen Pflanzen ist endlos, für den Anfang reichen jedoch einige klassische Sorten. Die meisten lassen sich leicht anbauen und helfen bei alltäglichen Leiden wie Erkältungskrankheiten, Halsschmerzen oder Schlafstörungen. Die folgenden Pflanzen eignen sich auch hervorragend, um eine Kräuterspirale (siehe Seite 28) zu bepflanzen.

1. Kamille

Die Kamille gehört zu den Klassikern unter den Heilkräutern. Bei Erkältung hilft es, mit einem Kamillenaufguss zu inhalieren, bei Magen-Darm-Problemen verschafft ein Kamillentee Linderung. Die Pflanze mit den charakteristischen weiß-gelben Blüten ist pflegeleicht und bevorzugt einen sonnigen, mäßig feuchten Standort.

2. Salbei

Die großen, fleischigen Blätter des Salbeis versprechen nicht nur Hilfe bei Halsschmerzen und Magenbeschwerden. Du kannst sie auch zur Behandlung von Insektenstichen oder zur Zahnpflege nutzen. Als Pflanze mediterranen Ursprungs gedeiht Salbei am besten an einem sonnigen, trockenen Standort mit sandigem Boden.

3. Lavendel

Lavendel ist schön anzusehen, duftet herrlich und lässt sich schon für Kinder einsetzen, um deren Gesundheit und Wohlbefinden zu fördern. Das robuste Kraut wirkt entspannend und schlaffördernd. An einem sonnigen Standort in Kombination mit einem trockenen, kalkhaltigen Boden gedeiht Lavendel besonders gut.

4. Thymian

Thymian ist zwar ein typisches Küchengewürz, das kleinblättrige Kraut hat aber auch zahlreiche heilsame Eigenschaften. Es hilft bei Erkältungskrankheiten, Magenbeschwerden und Halsschmerzen. Thymian bevorzugt trockene, lockere Böden und einen sonnigen, windgeschützten Standort.

5. Rosmarin

Auch Rosmarin gehört aufgrund seines intensiven Aromas zu den beliebten Küchenkräutern. Als Teeaufguss unterstützt er die Heilung bei Erkältungskrankheiten und lindert Magenkrämpfe. Wie Thymian liebt Rosmarin einen sonnigen Platz.

6. Zitronenmelisse

Zitronenmelisse hat überraschend vielfältige Heilwirkungen. Du kannst sie unter anderem nutzen, um einen natürlichen Lippenbalsam gegen Herpes herzustellen sowie Kopfschmerzen, Schwangerschaftsübelkeit oder Menstruationsbeschwerden zu lindern. Zitronenmelisse ist pflegeleicht und gedeiht bestens an einem sonnigen, windgeschützten Standort.

7. Johanniskraut

Johanniskraut ist Bestandteil zahlreicher Arzneimittel und wird vor allem bei Angstzuständen und Depressionen angewendet. In einem Aufguss mit dem frischen Kraut entfaltet Johanniskraut seine stimmungsaufhellende Wirkung. Auch Johanniskrautöl lässt sich leicht selbst herstellen, das zum Beispiel als natürlicher Zusatz für Entspannungsbäder dient. Johanniskraut braucht einen sonnigen bis halbschattigen Platz. Der Boden sollte feucht und nährstoffreich sein.

8. Pfefferminze

Minze schmeckt köstlich in wärmenden Tees und erfrischenden Limonaden. Der regelmäßige Genuss des be-

liebten Krauts stärkt die Abwehrkräfte und kurbelt den Stoffwechsel an. Da Pfefferminze dazu neigt, sich im Beet auszubreiten, empfiehlt sich eine Pflanzung im Topf. Dabei wird die Pflanze gemeinsam mit dem Pflanzgefäß in die Erde gesetzt.

🌐 smarticular.net/apotheker-garten

Warum es sich lohnt, ein Kinderbeet anzulegen

Vor allem für Stadtkinder kommen Naturerlebnisse im Alltag oft zu kurz. Schon die Allerkleinsten erfreuen sich an Grünzeug, Blumen und Insekten. Gemeinsames Gärtnern vermittelt Kindern auf spielerische Weise einen Bezug zur Natur und zu gesunder Ernährung.

Mit einem Kinderbeet erfahren Kinder den Kreislauf der Natur und übernehmen Verantwortung. Die gärtnerischen Erfolge stärken das Selbstbewusstsein. Und zu guter Letzt wird das, was sie selbst gepflanzt haben, in der Regel auch gekostet. So trägt ein Kinderbeet dazu bei, auch „Gemüsemuffel“ an frische und natürliche Nahrung heranzuführen.

▶ Welche Pflanzen eignen sich für ein Kinderbeet?

Während größere Kinder bei der Wahl von Samen und Setzlingen mitreden möchten, freuen sich kleinere Kinder schon über ein oder zwei Sorten Blumen oder süße Früchte. Grundsätzlich sollten die Pflanzen im Kinderbeet pflegeleicht, schnell wachsend und ungiftig sein.

Zudem kommen bei Kindern Obst- und Gemüsesorten gut an, von denen sie naschen können. Für den Anfang solltest du auf allzu teure und exotische Pflanzen verzichten. Somit ist es auch nicht so tragisch, wenn eine Pflanze die ersten Versuche als Nachwuchs-Gärtner nicht überlebt. Die folgenden Gemüsesorten, Früchte, Blumen und Kräuter sind für Kinder besonders gut geeignet.

Gemüse

Alle Sorten können auch roh gegessen werden:

- Karotten
- (Cocktail-)Tomaten
- Gurken
- Radieschen – sie wachsen besonders schnell und sind in wenigen Wochen erntereif.
- Zuckerschoten – sie sind süß und auch roh ein gesunder Snack.
- Kohlrabi
- Schnittsalat, auch Pflücksalat genannt

Früchte

An Sträuchern und Stauden wachsende Beeren eignen sich optimal für ein Kinderbeet, weil sie auch für kleine Hände und kurze Arme erreichbar sind, zum Beispiel Erdbeeren. Die Früchte von Monatserdbeeren sind zwar kleiner, reifen aber über einen langen Zeitraum immer wieder nach.

Für gesunde Abwechslung sorgen außerdem:

- Himbeeren
- Heidelbeeren
- Stachelbeeren
- Johannisbeeren
- Physalis

Blumen

Blumen erfreuen nicht nur das Auge, einige verwöhnen mit ihren essbaren Blüten auch den Gaumen. Als Nahrung für Bienen und Insekten sollten Blumen im Kinderbeet nicht fehlen. Bei folgenden Sorten sind entweder die Blüten, die Kerne oder die gesamte Pflanze essbar:

- Ringelblume – blüht bis in den Oktober hinein; ihre essbaren Blüten eignen sich zur Herstellung einer natürlichen Wund- und Heilsalbe.
- Sonnenblume – sie beeindruckt durch ihren imposanten Wuchs, lockt Insekten an, und ihre Kerne können verspeist oder verfüttert werden.
- Kapuzinerkresse – ihre Blüten und Blätter sind essbar.
- Gänseblümchen – ihre Blüten sind essbar.
- Margerite
- Dahlie

Fertige Samentütchen mit essbaren Blumen findest du in Gartencentern und Bioläden.

Kräuter

Mit einem Kräuterbeet lernen Kinder die vielfältigen Aromen der Natur kennen. Frisch verarbeitet oder getrocknet, lassen sich die Kräutlein zum Würzen verwenden oder zu Tee, Limonade und Naturarznei verarbeiten.

Beliebte Kräuter fürs Kinderbeet:

- Kresse
- Katzenminze
- Lavendel
- Pfefferminze
- Basilikum
- Salbei

Abhängig von den gewählten Sorten könnt ihr gemeinsam Setzlinge vorziehen bzw. kaufen oder Samen direkt ins Beet aussäen.

Tipp: Kleine Kinder tun sich häufig noch schwer mit der Aussaat der zum Teil winzigen Samenkörner. Einfacher geht es mit Saatbändern (siehe Seite 78).

Wichtig: Auch wenn die Pflanzen im Kinderbeet ungiftig sind, ist es ratsam, den Kindern zu erklären, dass manche Pflanzen wie etwa einige Beikräuter giftig sein könnten. Sie sollten nur solche Kräuter kosten, die sie selbst eindeutig identifizieren können, und im Zweifel lieber einmal mehr fragen.

▶ Größe und Gestaltung des Kinderbeetes

Ein halber Quadratmeter Beetfläche oder ein Blumenkasten reicht für erste Versuche aus. Stöcke oder Steine eignen sich wunderbar, um das Kinderbeet einzufassen und in Abschnitte zu unterteilen, zum Beispiel in einen Ziergarten mit bunten Blumen und einen Nutzgarten mit Obst und Gemüse.

Tipp: Damit Schädlinge das Gärtnerglück nicht in Enttäuschung verwandeln, empfiehlt es sich, verschiedene Nützlinge im Garten anzusiedeln (siehe Seite 143). So entsteht gleich noch ein spannendes tierisches Forschungsobjekt. Verzichte beim Düngen auf synthetische Produkte und stelle gemeinsam mit deinem Kind zum Beispiel natürlichen Dünger aus Brennnesseln her (siehe Seite 104).

smarticular.net/kinderbeet

Wildblumenwiese anlegen

Ein gepflegter Rasen mit Blumenbeeten sieht zwar ordentlich aus, erfordert jedoch viel Arbeit und Pflege. Eine Wildwiese dagegen ist anspruchslos, muss höchstens einmal im Jahr gemäht werden und erfreut uns durch ihre Vielfalt an Farben und Blüten. Sie bietet Heim und Nahrung für Bienen, Schmetterlinge und Käfer, aber auch für Igel und andere nützliche Tiere. Ein weiterer Vorteil der Wildwiese: Auf ihr gedeihen etliche Heilpflanzen, die du für deine Gesundheit nutzen kannst.

Zunächst gilt es zu bestimmen, welchen Bereich und wie viel von deiner Gartenfläche du für die Wildblumenwiese einsetzen möchtest. Die Wildwiese sollte möglichst der Sonne zugewandt sein.

Da der Boden für eine solche Wiese eher mager sein darf, empfiehlt sich die folgende Vorbereitung:

1. Vorhandenen Rasen mähen, den Boden vertikutieren oder umgraben.
2. Für eine magere Wiese der Erde etwas Sand beimischen.
3. Die Erde sehr fein harken.
4. Eine erste Aussaat vornehmen.

Die üblichen „bunten Saatmischungen“ aus Gartencentern solltest du besser meiden, denn sie enthalten oft Pflanzen, die bei uns nicht heimisch sind. Besser sind regionale Mischungen aus dem Fachhandel. Verwende am besten nur samenfeste Sorten, damit sich die Wildblumen allein aussäen und selbst vermehren können.

Nachhaltiger ist es, die Samen direkt in der Natur zu sammeln. Das erfordert zwar mehr Arbeit und Vorausplanung, bringt aber auch ein besseres Resultat. Samen von Mohn, Nachtkerze, Löwenzahn, Wegwarte und anderen wild blühenden Pflanzen sind schnell identifiziert und gesammelt.

Viele der wild blühenden Schönheiten sind Lichtkeimer, ihre Samen dürfen nicht von der Erde bedeckt werden. Drücke sie deshalb nur mit den Füßen etwas an. Anschließend musst du nur noch die ganze Fläche gleichmäßig feucht halten.

Ein idealer Aussaat-Termin ist der Spätsommer, denn Wildblumen sind Kaltkeimer. Wenn die Samen überwintert haben, sprießen die Blüten im kommenden Frühling. Geduld ist natürlich nötig, weil Wildpflanzen ihren eigenen Rhythmus haben. Aber schon im nächsten Frühling hast du eine herrlich bunte Wiese mit vielen Blumen und Pflanzen, deren Pracht und Vielfalt von Jahr zu Jahr zunehmen.

Die Wiese wird ganz von allein zu einem Paradies für nützliche Insekten, und schon bald kannst du dich an Bienen, Hummeln und Schmetterlingen erfreuen. Wenn du andere nützliche Besucher in deinen Garten locken möchtest, kannst du einen Reisighaufen als Schutz für Igel einrichten oder einen Steinhaufen auftürmen, auf dem sich im Sommer Eidechsen sonnen. Auch ein kleines Insektenhotel (siehe Seite 146) hilft Nützlingen, einen Unterschlupf zu finden.

smarticular.net/wildblumenwiese

Naturnaher, bienenfreundlicher Garten und Balkon

Ob du viele Quadratmeter Grün dein Eigen nennst oder nur über ein kleines Fleckchen verfügst, spielt beim naturnahen Gärtnern keine Rolle. Denn selbst ein kleiner Stadtbalkon lässt sich in eine natürliche Oase verwandeln!

1. Bienenweide statt exotischer Blüten

Ist dir schon einmal aufgefallen, dass Balkone mit überbordenden Blüten von Insekten kaum angeflogen werden? Das Ergebnis moderner Blumenzucht sieht zwar häufig hübsch aus, ist für Bienen und Schmetterlinge aber wertlos. Gefüllte Blüten produzieren meist keinen Pollen, zudem können die geflügelten Nützlinge nicht zum Nektar gelangen, da der Weg durch die volle Pracht versperrt ist.

Auch zu Pollen und Nektar exotischer Blüten haben heimische Insekten häufig keinen Zugang, denn sie haben sich den hiesigen Blumenarten angepasst. Manche Wildbiene ist sogar von einer einzigen Pflanzengattung abhängig! Blüten vom anderen Ende der Welt können dagegen völlig anders geformt sein oder schmecken, sodass die Insekten trotz des reichlichen Nahrungsangebots hungrig bleiben.

Du kannst den Bienen helfen mit heimischen Sorten und Wildpflanzen wie Kamille, Sonnenblume, Gänseblümchen und Veilchen sowie Kräutern wie Salbei, Schnittlauch und Pfefferminze, die vielleicht auch dir schmecken.

2. Bauerngarten: schön und nützlich

Ein Bauerngarten ist ein scheinbar wildes Durcheinander aus Gemüse, Beerensträuchern, heilsamen Pflanzen und Blumen, die sowohl Insekten als auch Menschen nützen. In den Beeten wird bewusst nicht nach Sorten getrennt, sondern eine Mischkultur angepflanzt (siehe Seite 55). Blumen wie Tagetes und Ringelblumen halten Schädlinge von benachbarten Kräutern und Gemüsepflanzen fern und locken durch ihre Farbenpracht nützliche Insekten auch zu unscheinbaren Blüten.

Generell sind robuste, alte Sorten am besten geeignet und machen auch am wenigsten Arbeit. Wenn die Bepflanzung der abgeteilten Beete jedes Jahr ein Feld weiter rückt, entsteht eine Fruchtfolge, die den Boden vor Auslaugung schützt.

3. Trockenmauern statt imprägnierter Palisaden

Statt mit Fungiziden und Insektiziden behandeltes Holz für Beeteinfassungen zu verwenden und damit Flora und Fauna zu schaden, kannst du niedrige Trockenmauern aus Bruchsteinen aufschichten. Denn in ihren Fugen finden Insekten und Reptilien Zuflucht. Die Zwischenräume können obendrein bepflanzt werden.

4. Weidenruten als natürlicher Sichtschutz

Auch ein Sichtschutz zum Nachbarbalkon, ein Zaun oder ein kleiner Pavillon im Garten lässt sich ohne behandeltes Holz oder Kunststoff herstellen. Dafür werden frisch geschnittene Weidenruten in einem Abstand von etwa 15 Zentimetern mindestens 20 Zentimeter tief in die Erde oder einen standfesten Kübel gesteckt und miteinander verflochten oder weitere Ruten horizontal darin verwoben. Die robusten Stecklinge bilden neue Wurzeln und Triebe, sodass mit der Zeit eine dichte grüne Wand entsteht.

5. Insektenhotel statt Deko

Mit einem Insektenhotel werden die Bestäuber für deine Blüten und Früchte nicht nur auf einen Besuch eingeladen, sondern es bietet ihnen auch ein Zuhause. Fertige Insektenhotels aus dem Handel sind allerdings häufig mehr nach optischen Gesichtspunkten gefertigt. Ein selbst gebautes Insektenhotel (siehe Seite 146) kann dagegen auf die Wunschbewohner und die vorherrschenden Bedingungen zugeschnitten werden. Die Hauswand eines überdachten Sonnenbalkons ist dafür ein idealer Standort.

6. (Mini-)Teich

Ein Teich ist eine schöne und nützliche Ergänzung für einen naturnahen Garten. Viele Insekten benötigen Wasser für die Eiablage und die Entwicklung der Larven. Sie sind gleichzeitig für Amphibien und Vögel eine wichtige Nahrungsquelle. Aber nicht nur ein aus dem Erdreich ausgehobener und mit Folie abgedichteter Teich erfüllt diesen Zweck. Eine Zinkwanne oder ein Holzfass kann mit Wasser gefüllt und bepflanzt und auf diese Weise in ein kleines Biotop verwandelt werden (siehe Seite 151). Kleine Seerosensorten oder Sumpfpflanzen, die nur einen geringen Wasserstand benötigen, sind auch für den kleinsten Teich geeignet.

7. Wiese statt Rasen

Viel schöner und zudem weniger arbeitsintensiv als ein akkurat gemähter, von „Unkraut" befreiter Golfrasen ist eine Wiese, in der auch Blumen und Kräuter wachsen dürfen. Lege entweder gezielt eine Wildblumenwiese an (siehe Seite 37) oder warte, bis sich ganz von allein Gänseblümchen, Löwenzahn und Wegeriche ansiedeln. Oder du hilfst mit Samenbomben nach (siehe Seite 80). Haben sich Kräuter und Wildblumen erst einmal ausgebreitet, steht dir die Wiese als natürliche Apotheke zur Verfügung. Damit sie sich prächtig entwickelt, darf sie ruhig etwas höher wachsen, bevor sie gemäht wird. So haben die Blumen genügend Zeit, um Samen zu entwickeln und sich auszusäen.

8. Mulchen statt Unkraut zu jäten

Statt Rasenschnitt und Herbstlaub in der Biotonne zu entsorgen, kannst du das Pflanzenmaterial als Mulch (siehe Seite 48) auf den Beeten verteilen. Denn es unterdrückt nicht nur den Wuchs unerwünschter Beikräuter, sodass zeitaufwendiges Jäten entfällt. Die Mulchschicht versorgt den Boden außerdem mit zusätzlichen Nährstoffen und verhindert, dass der Boden austrocknet. Auch halbreifer Kompost ist zum Mulchen geeignet.

9. Mehr Unordnung erlauben

Im Herbst fällt im Garten besonders viel Arbeit an. Neben der Ernte wird Laub geharkt, Stauden und Sträucher werden zurückgeschnitten und Pflanzen und Töpfe auf den Winter vorbereitet.

Der Natur tust du einen großen Gefallen, wenn du einige dieser Arbeiten bleiben lässt. Die abgestorbenen Samenstände von Gräsern und Stauden bieten Vögeln im Winter Nahrung, tote Zweige dienen als Winterquartier für Insekten. Eine „unordentliche“ Ecke im Garten, in der du übrig gebliebenes Laub und Strauchschnitt sammelst, wird für Igel zum willkommenen Winterquartier.

smarticular.net/bienengarten

Den Boden beleben

Das Umgraben war lange Zeit die gängige Methode, um den Boden bis in tiefere Schichten aufzulockern. Das ist jedoch nicht nur schweißtreibend und belastet den Rücken, sondern verschlechtert den Boden eher, als ihn zu verbessern. Denn die etwa ein Kilogramm meist winzig kleinen Bodenorganismen, die auf einem Quadratmeter fruchtbaren Gartenbodens leben, sind großteils auf wohlstrukturierte, unterschiedlich tiefe Schichtungen angewiesen. Beim Umgraben wird diese Bodenstruktur zerstört: Sauerstoffliebende Organismen werden buchstäblich beerdigt und ersticken; sauerstoffmeidende sterben in der für sie giftigen Luft. Dazu kommt, dass wertvoller Humus und noch nicht zersetzte organische Materialien in tiefere Schichten verlagert werden, wo sie als Nährstoffquelle nicht mehr zur Verfügung stehen.

Das Bodenleben auf diese Weise zu schädigen, hat weitreichende Folgen. Bodenfruchtbarkeit und Humusgehalt sinken langfristig. Humus entsteht aus organischer Masse als ausgeschiedenes Produkt der Bodenorganismen und muss ständig von ihnen nachgeliefert werden. Er ist entscheidend für eine günstige Bodenstruktur, da er mit dem Mineralboden sogenannte Ton-Humus-Komplexe bildet – eine lockere, aber stabile „Krümelstruktur“, die gut Wasser aufnehmen kann, ohne übermäßig zu verschlammen.

Wenn du aufs Umgraben verzichtest und stattdessen einige Methoden der Permakultur anwendest, gelingt es dir, das Bodenleben zu fördern und das natürliche Gleichgewicht im Boden langfristig zu erhalten. Dank sanfter Bodenbearbeitung im Biogarten, etwa mit der Hacke statt mit dem Spaten, sowie durch Gründüngung, Mulch & Co. wird der Arbeitsaufwand ganz erheblich reduziert. Zudem müssen weniger Nährstoffe von außen zugeführt werden.

Allgemeines zu Böden im Garten

Ist die Erde humusreich oder eher mager? Ist sie locker und leicht zu bearbeiten oder schwer und neigt zum Verkrusten? Die Antworten auf diese Fragen entscheiden darüber, wie fruchtbar der Boden ist und wie er gepflegt wird.

▶ Den Boden beurteilen

Die Bodeneigenschaften werden vor allem durch seine Zusammensetzung bestimmt.

Ein **Sandboden** mit relativ großen Teilchen weist große Hohlräume auf, durch die das Wasser gut abfließen kann. Solche „leichten“ Böden sind locker, einfach zu bearbeiten und gut durchlüftet, sie trocknen aber auch schnell aus.

Ein **Tonboden** mit besonders kleinen Teilchen weist einerseits nur kleine Hohlräume auf, in denen das Wasser gut gehalten wird. Solche „schweren“ Böden sind andererseits sehr dicht, mühsam zu bearbeiten und neigen zu Staunässe.

Ein **Lehmboden** beinhaltet verschiedene Teilchengrößen und vereint dadurch die Vorteile „leichter“ und „schwerer“ Böden. Hier ist der Wasserhaushalt am ausgeglichensten. Deshalb sind Lehmböden in der Regel auch die fruchtbarsten.

▶ Den Bodentyp selbst bestimmen

Um festzustellen, welcher Bodentyp vorliegt, eignet sich ein einfacher Test. Dazu mit einem Spaten eine etwa 50 Zentimeter tiefe Grube ausheben, um die Schichtung des Bodens gut erkennen zu können.

Aus dem unteren, heller gefärbten Bereich eine Probe entnehmen und zwischen den Fingern zerreiben. Die Struktur der Probe gibt Auskunft:

- Sandiger Boden zerfällt leicht und weist viele grobe Körner auf.
- Toniger Boden lässt sich leicht zu einer bleistiftdicken Rolle formen und enthält kaum Sandkörner.
- Lehmiger Boden ist speckig, zerkrümelt aber beim Verformen und bildet beim Aufbrechen scharfe Kanten.

Die obere, dunkel gefärbte Schicht lässt auf den Humusgehalt des Bodens schließen. Ist sie nur etwa zehn Zentimeter dünn, dürfte der Boden eher nährstoffarm sein. Bei fruchtbaren Gartenböden kann die Humusschicht durchaus 25 Zentimeter dick sein.

Den Boden verbessern

Einen lockeren, humosen Boden, der ausreichend Wasser festhält, wünscht sich wohl jeder Gärtner. Das Allheilmittel dafür ist, den Humusgehalt zu fördern: Sanfte Bodenbearbeitung, häufiges Mulchen (siehe Seite 48), Kompostwirtschaft und Gründüngung (siehe Seite 46) erhöhen mittelfristig den Humusgehalt im Boden. Und mehr Humus heißt nicht nur mehr Nährstoffe. In leichten Böden übernimmt der Humus die Aufgabe, Wasser zu speichern, und in schweren wirkt er bodenlockernd. Humusanreicherung ist deshalb auf allen Böden sinnvoll.

Tipp: Leichte, sandige Böden lassen sich auch mit Steinmehl anreichern. Diese fein vermahlenen Tonmineralien binden ein Mehrfaches ihres Eigengewichts an Wasser. Für ein Beet rechnet man bis zu ein Kilogramm Steinmehl pro Quadratmeter. Es wird auf die Erde gestreut und oberflächlich eingeharkt.

Den Boden sanft bearbeiten

Eine lang anhaltende Verbesserung der Struktur und Fruchtbarkeit des Bodens erreichst du durch eine sanfte Bearbeitung, die die Bodenschichtung erhält und das Bodenleben schont.

Im späten Herbst, nach den ersten Frostnächten, oder im zeitigen Frühjahr werden die Beete mit einem **Krail** oder einem **Sauzahn** tief und gründlich gelockert. Dabei zieht man das Gerät diagonal im Abstand von 10 bis 15 Zentimetern durchs Beet. Auch eine Grabegabel ist verwendbar: In Abständen von etwa

20 Zentimetern die Gabel senkrecht in die Erde stechen und den Stiel einige Male nach vorn und nach hinten drücken. Das gelockerte Beet wird am besten mit einer Mulchschicht aus Kompost, Laub oder Ernterückständen bedeckt.

Gründüngung

Während in der Natur langfristig ein Gleichgewicht zwischen sich verbrauchendem und neu entstehendem Humus im Boden besteht, nimmt der Humusgehalt in konventionellen Gärten stetig ab, etwa durch schädliches Umgraben oder Erosion infolge mangelnder Bodenbedeckung. Gründüngung ist eine einfache Methode, dem entgegenzuwirken. Dabei werden gezielt einjährige Pflanzen gesät, die den Boden schützen und lockern sowie vorhandene Nährstoffe in ihrer organischen Masse speichern.

Um eine Gründüngung vorzubereiten, wird der Boden nur oberflächlich gelockert. Die Samen der Gründüngungspflanzen werden breitwürfig ausgesät, leicht untergeharkt und angegossen. Die rasch wachsenden Pflanzen sollten spätestens zur Blütezeit geerntet werden, damit sie nicht aussamen können. Dazu werden nur die oberirdischen Pflanzenteile gemäht oder abgehackt und zum Mulchen verwendet.

Die teilweise metertiefen Wurzeln bleiben im Boden. Sie verrotten und hinterlassen eine Fülle feiner Röhren, die den Boden belüften und in denen sich Bodenorganismen ansiedeln. Dadurch können Folgekulturen leichter wurzeln.

Mit einer Gründüngung übernimmt die Natur die Arbeit, den Boden nachhaltig und schonend zu lockern und gleichzeitig die Erde mit Humus und Nährstoffen anzureichern.

▶ Pflanzen für die Gründüngung

Die meisten Gründüngungspflanzen gehören zwei Pflanzengruppen an:

Schmetterlingsblütler wie Lupine, Klee oder Wicke können mit ihren Knöllchenbakterien den Stickstoff aus der Atmosphäre binden und für Pflanzen verfügbar machen.

Kreuzblütler wie Senf, Raps oder Ölrettich sind dagegen Starkzehrer, die reichlich lösliche Nährstoffe auch aus tieferen Schichten aufnehmen und binden können, bevor sie ausgewaschen werden. Neben tiefgründiger Bodenlockerung können sie innerhalb kurzer Zeit – auch noch spät im Jahr – große Mengen organischer Substanz produzieren. In Form von Mulch oder Kompost lässt sie sich

dem Boden als Humus wieder zuführen. Für alle Kreuzblütler gilt: Die Fruchtfolge (siehe Seite 62) sollte beachtet und die zu enge Nachbarschaft mit anderen Kohlarten vermieden werden, damit keine Kohlhernie entsteht.

Einige Pflanzenarten stoßen zusätzlich zur Gründüngung wichtige Prozesse an:

- **Studentenblume, Ringelblume und Ölrettich** drängen Fadenwürmer zurück und verbessern die Bodenqualität.
- **Der Bienenfreund** lockt mit seinen attraktiven Blüten Bienen an, die auch für die Bestäubung anderer Gartenpflanzen sehr bedeutsam sind.
- **Winterharte Arten wie Roggen und Winterwicke** werden bis Ende September gesät und wirken der Nährstoffauswaschung im Winter entgegen. Sie sollten im Frühjahr gemäht oder gehackt werden.

Mulchen statt jäten

Die Natur kennt nackte Böden nur in der Wüste und auf Felsengrund, ansonsten bedecken Laub, Nadeln, Zweige und Pflanzen die Erdoberfläche. Die schützende Schicht bringt viele Vorteile für das Leben sowie den Wasser- und Nährstoffhaushalt des Bodens. Während man im Biogarten versucht, diese schützende Schicht im Sinne der Permakultur intakt und im Gleichgewicht zu halten, macht die konventionelle Landwirtschaft genau das Gegenteil: Zwei- bis dreimal im Jahr wird der Boden beim Pflügen und Eggen sprichwörtlich auf den Kopf gestellt und die Erde ungeschützt freigelegt.

Wenn du diesen Fehler vermeidest und deine Beete mit Mulch bedeckst, statt sie umzugraben, sparst du dir nicht nur viel Arbeit, sondern machst dir gleichzeitig alle Vorteile der schützenden Decke zunutze.

▶ Warum mulchen?

Der langsam verrottende Mulch auf den Beeten ist Ausgangsstoff für unzählige Mikroorganismen, die das Material in Humus umwandeln und die Pflanzen kontinuierlich mit Nährstoffen versorgen. Zudem hilft die bedeckende Schicht, unerwünschte Beikräuter zu unterdrücken. Jäten und andere Methoden der Unkrautbekämpfung sind dadurch nahezu überflüssig. Und so manches Gemüse und Obst dankt es dir mit einem höheren Ertrag!

Wie ein Sonnenschirm schützt Mulch den Boden vor Verdunstung, sodass er nicht so schnell austrocknet. Der Boden bleibt locker, und zusätzliches Hacken der Beete entfällt. Bei starkem Regen verhindert die Mulchschicht Bodenerosion. Auch die Bodentemperatur verbessert sich, weil die schützende Schicht Erde und Wurzeln vor Hitze und Kälte bewahrt.

Die folgenden Tipps funktionieren auch bei Balkon- und Terrassenpflanzen in großen Kästen und Kübeln.

Mulch selbst herstellen

In der Natur unterliegt alles einem Kreislauf und wird nutzbringend wiederverwendet. Kompost und Gartenabfälle wie Rasenschnitt und Äste können als Mulch auf deinen Beeten weiterverwendet werden, statt sie über die Biotonne für immer aus dem Kreislauf im Garten zu entfernen. Am besten ist das geeignet, was im Garten oder der näheren Umgebung wächst.

Mit einem hochwertigen Gartenhäcksler lassen sich selbst Äste, Strauchschnitt usw. so zerkleinern, dass sie sich als Mulchmaterial eignen und innerhalb weniger Monate verrotten. So können auch sie als wertvolle Biomasse im Garten verbleiben.

Mulchmaterial	Anwendung/Wirkung
Gemüseabfälle	Gemüseabfälle, Stängel und andere Ernterückstände werden auf dem Beet belassen.
Gras und Heu	Kurz anwelken lassen und auf den Beeten ausbringen; die Schicht sollte nicht zu dick und frei von Samen sein.
halbreifer bis reifer Kompost	Kompost auf einer dünnen Schicht Gras auf dem Beet verteilen, das Gras fördert den Zersetzungsprozess.
Unkraut	Es sollte frei von Samen sein und gibt beim Zersetzen wertvolle Nährstoffe frei.
Rindenmulch	Er bildet Säure, eignet sich für Rhododendren und Heidelbeerpflanzen; verrotteter Rindenmulch ist auch für Gemüsebeete verwendbar.
Stroh	Es erweist sich als besonders nützlich für oberirdische Früchte wie Zucchini und Erdbeeren; verhindert Schimmelbildung, dient als zusätzliche Barriere gegen Schnecken und ist ein Stickstofflieferant.
Beinwell	Diese Heilpflanze gibt viel Kalium ab, stärkt alle Pflanzen; besonders Tomaten profitieren.
Brennnessel	Sie ist von Frühjahr bis Sommer verfügbar und gibt zahlreiche Nährstoffe an den Boden ab.
Äste und Strauchschnitt von Hecken und Bäumen	Fein zerkleinerte Holzhackschnitzel eignen sich zur Bodenbedeckung unter Hecken und Bäumen oder auch unter Pflanzen, die saure Böden mögen.
Schilfpflanzen, Seggen und Binsen vom Gartenteich	Diese sollte man sorgfältig zerkleinern. Sie bieten mit ihren Blättern viel Biomasse; als zusätzlicher Pluspunkt bildet Chinaschilf weder Samen noch Säure und entzieht bei der Zersetzung dem Boden keinen Stickstoff.
Tierhaar	Dieses kann gut in der Mulchschicht verarbeitet werden; es ist ein guter Wasserspeicher für schnell austrocknende Beete. Zum Beispiel Schafwolle ist reich an Stickstoff, Phosphor und Kalium.
gepflanzte Lupinen, Senfsaat oder Kleearten	Sie werden nach dem Abmähen einfach auf dem Beet belassen.
Herbstlaub	Hecken und Beerensträucher wie Himbeeren oder Erdbeeren profitieren davon besonders; Laub von Eichen, Kastanien und Walnussbäumen ist eher für säureliebende Pflanzen wie Rhododendren und Beerenobst geeignet.

Wie mulche ich richtig?

Gemulcht werden kann zu jeder Jahreszeit. Frisch ausgesäte Bereiche sollten dabei ausgespart werden, bis die Triebe eine Höhe von zehn Zentimetern erreicht haben. Umgedrehte Eimer oder Töpfe dienen als Schutz, um junge Pflanzen beim Mulchen nicht zu beschädigen.

So gehst du vor:

1. Vorhandene Beikräuter jäten und bestenfalls gleich als Mulch liegen lassen.
2. Den Boden grob mit einer Hacke auflockern, aber nicht umgraben.
3. Mulchmaterial mit einer Harke oder einem Besen verteilen, einige Zentimeter Platz zu Stämmen und Stängeln deiner Pflanzen lassen. Liegt der Mulch dort zu eng an, kann es zu Fäulnis kommen. Die Schicht sollte zwischen fünf und zehn Zentimetern dick sein.
4. Danach die gemulchte Fläche sich selbst überlassen. Falls dennoch einmal etwas Unkraut hindurchkommt, kann es ausgerissen und der Mulchschicht hinzugegeben.

Weitere Tipps

Beim Mulchen mit Stroh, Rinde oder Holzhäckseln ist es empfehlenswert nachzudüngen, um einem Stickstoffmangel vorzubeugen, etwa indem Hornspäne (40–80 Gramm pro Quadratmeter) in die Schicht eingearbeitet werden.

Wer Schnecken fernhalten will, mulcht am besten nur während längerer Trockenperioden. Am besten den Mulch dann nur sehr dünn ausstreuen, da sich Schnecken gern unter der feuchten Decke verstecken.

Um Fäulnis zu vermeiden, sollte die Dicke der Mulchschicht an Niederschlagsmenge und Bodenbeschaffenheit angepasst werden. Als Faustregel gilt: Je mehr Niederschlag fällt, desto dünner die Mulchschicht. Feine, sandige Böden vertragen eine dickere Mulchschicht, bei schweren Böden reichen etwa zwei Zentimeter aus.

smarticular.net/mulchen

Gute Pflanzerde ohne Torf und Plastiksäcke

Wenn die Voraussetzungen des Bodens schlecht sind und eine natürliche Regenerierung des Bodens zu lang dauert, hilft gute Pflanzenerde weiter. Auch Pflanzkästen und -kübel brauchen hochwertige Erde, weil sich wegen ihres beschränkten Platzes das Bodenleben nicht so gut entwickeln kann wie im Freiland.

Torferde aus dem Gartencenter ist nicht empfehlenswert, denn der benötigte Torf wird in uralten Moorlandschaften abgebaut, was diese unwiederbringlich zerstört. Da Torferde von Natur aus nährstoffarm ist, muss ihr künstlicher Dünger zugegeben werden. Stattdessen erhältst du mit den folgenden Tipps hochwertige Gartenerde für Anzucht, Blüte und Ernte, ohne die Umwelt zu belasten.

1. Komposthaufen

Einfach, preisgünstig und bewährt: Mit einem Komposthaufen gelingt es dir, große Mengen pflanzlicher Abfälle zu verwerten und in nährstoffreichen Humus zu verwandeln. Dafür benötigst du etwas Platz und viel Geduld. Ein Jahr oder länger dauert es, bis daraus Komposterde geworden ist.

2. Bokashi-Eimer

Kompakter als die Wurmkiste ist die Grünabfall-Verwertung im Bokashi-Eimer, dem japanischen Küchenkomposter (siehe Seite 111). Damit stellst du in deiner Küche mittels Fermentierung in nur wenigen Wochen ein Substrat her, das aus ausgelaugter, nährstoffarmer Erde hochwertige Pflanzerde macht. Zusätzlich entsteht dabei nützlicher Flüssigdünger.

3. Wurmkiste

Die Humusproduktion geht mit der Wurmkiste (siehe Seite 105) sehr viel schneller als mit dem Komposthaufen. Außerdem kann sie auf dem Balkon oder im Haus stehen. Kompostwürmer verwandeln pflanzliche Küchenabfälle und Pflanzenreste in einer Kiste mit zwei oder mehr Fächern innerhalb einiger Wochen in Humus. Durch die Einteilung in Fächer ist immer Wurmkompost in Arbeit, während die fertige Erde in einem anderen Fach entnommen werden kann.

Alle diese Arten der Kompostierung versorgen ausgelaugte Gartenerde mit Nährstoffen. Es empfiehlt sich, sie auf dem Balkon mit etwas Sand, Gesteinsmehl und alter Erde zu mischen und in Kästen und Kübel zu füllen.

4. Maulwurfshügel als Anzuchterde

Ein Maulwurf befördert nährstoffarmes Material aus tieferen Bodenschichten an die Oberfläche und lockert die Erde auf. Er ist ein idealer Helfer bei der Produktion guter Anzuchterde!

Maulwurfserde ist für die Aussaat besser geeignet als reine Komposterde, denn sie ist nährstoffärmer und krümelig, sodass die Pflänzchen kräftige Wurzeln bilden. Sie enthält kaum Wildkrautsamen, die den Keimlingen wichtige Nährstoffe wegnehmen würden. Wenn der Boden in deiner Gegend lehmhaltig ist, sollte die Erde mit Sand gemischt werden, um durchlässiger zu sein.

smarticular.net/pflanzerde-ohne-torf

Grüner pflanzen

In konventionellen Gärten kann die Arbeit zum fortwährenden Kampf werden, weil versucht wird, einen Zustand der Ordnung und Sauberkeit herzustellen, der von der Natur eigentlich gar nicht vorgesehen ist. So wird unter großen Mühen gegen „Unkraut" angekämpft und werden Pflanzen getrimmt, gestutzt und mit synthetischen Mitteln behandelt, um bestmöglich dem Ideal eines „perfekten Gartens" zu entsprechen.

Das hat zur Folge, dass Gartenarbeit als anstrengend und lästig empfunden wird und dass der Garten schließlich alles andere als natürlich ist. Sterile, mit künstlichen Chemikalien behandelte Gärten, in denen Monokulturen oder sogar tote Steinwüsten vorherrschen, sind für Vögel, Insekten und andere Kleintiere ein lebensfeindlicher Ort.

Wer dagegen etwas mehr Unordnung zulässt und einige Prinzipien der Permakultur anwendet, statt gegen die Natur zu kämpfen, erleichtert sich die Arbeit ganz erheblich und schafft nebenbei einen natürlicheren, tierfreundlichen und trotzdem ertragreichen Biogarten.

Gärtnern ohne Chemie – dank Mischkultur

Ein bewährtes Pflanzkonzept der Permakultur, das künstliche Helfer wie Dünger und Pestizide überflüssig macht, ist die Mischkultur. Dabei werden gezielt solche Pflanzen nebeneinandergesetzt, die sich gegenseitig ergänzen und helfen.

So produzieren manche Arten Nährstoffe, die andere benötigen, oder sie halten ihre Beetnachbarn frei von Schädlingen und Pflanzenkrankheiten. Manche Pflanzen helfen ihren Nachbarn gegen unerwünschte Beikräuter und verbessern deren Geschmack. Wenn du zudem die verschiedenen Reifezeiten beachtest, kannst du den Platz der Beete geschickt ausnutzen und so den Ertrag übers Jahr steigern.

Gute Nachbarn für beliebte Gemüsepflanzen

Neben der Reifezeit spielen die verschiedenen Nährstoffbedürfnisse (Schwachzehrer neben Starkzehrer), aber auch die Höhe der Pflanzen (z. B. für Beschattung) sowie die Länge der Wurzeln (Tiefwurzler neben Flachwurzlern) eine wichtige Rolle.

Manche Pflanzenarten vertragen sich nicht, etwa die Kreuz- und Doldenblütler mit den Hülsenfrüchten. Folgende Anbaukombinationen begünstigen gesundes Wachstum der Gemüsepflanzen. Die Besonderheiten der beliebtesten Kultursorten sind auf den folgenden Seiten ausführlich beschrieben. Eine Tabelle mit günstigen und ungünstigen Nachbarn vieler weiterer Sorten findest du auf Seite 61.

Zudem gibt es im Kapitel zum Pflanzenschutz ab Seite 115 Tipps, wie sich viele Obst- und Gemüsesorten durch Mischkultur ganz gezielt gegen bestimmte Schädlinge schützen lassen.

1. Tomaten

Tomatenpflanzen profitieren von Knoblauch, Kohl und Kohlrabi. Kapuzinerkresse und Gartenkresse halten zudem Blattläuse ab. Tomaten benötigen reichlich Nährstoffe und vertragen sich deshalb gut mit Pflanzen, die mit weniger auskommen, etwa Buschbohnen und Petersilie. Basilikum hält die Weiße Fliege und Mehltau von den Pflanzen fern.

Tomaten sollten nicht zusammen mit Kartoffeln gepflanzt werden, weil sonst die Kraut- und Braunfäule begünstigt wird. Sie vertragen sich außerdem nicht gut mit Erbsen, Fenchel und Gurken.

Tipp: Wenn du die Seitentriebe entfernst, wachsen weniger, dafür aber größere Tomaten mit besserem Geschmack. Die Blätter lassen sich noch in Form eines Kaltwasser-Auszugs gegen Schädlinge nutzen (siehe Seite 118).

2. Kartoffeln

Kartoffelpflanzen gedeihen besonders gut neben dicken Bohnen. Damit beugst du auch dem Kartoffelkäfer vor. Kümmel und Koriander verbessern den Geschmack der Kartoffeln. Bis sich die Erdäpfel ausbreiten, kannst du den Platz im Beet gut für schnell wachsenden Spinat und Radieschen nutzen. Auch mit Kohlrabi, Mais und Tagetes harmonieren Kartoffeln.

Dagegen vertragen sie sich nicht mit Nachtschattengewächsen wie Paprika und Tomaten. Weitere schlechte Nachbarn sind Erbsen, Grünkohl, Gurken, Knoblauch, viele Kohlarten, Rote Bete, Sellerie, Sonnenblumen und Zwiebeln.

3. Möhren

Eine gute Karottenernte ergibt die Kombination mit Erbsen, Knoblauch, Radieschen, Rettich, Schnittlauch und Tomaten. Rosmarin hilft gegen die Karottenfliege. Dill erhöht die Keimfähigkeit der Karottensamen und verströmt gleichzeitig einen abwehrenden Geruch gegen Schädlinge. Mischkultur aus Möhren und Zwiebeln ist umstritten. Sie halten sich zwar gegenseitig die Möhren- und Zwiebelfliege fern, stellen aber im Herbst unterschiedliche Ansprüche an die Bewässerung. Deshalb passt Porree besser zu Möhren, der einen ähnlichen Wasserbedarf hat.

Pastinake, Petersilie und Sellerie hingegen sind schlechte Nachbarn für Möhren.

4. Salat

Zu Feldsalat passen Endivien, Erdbeeren, Kohlrabi, Radieschen, Ringelblumen, Winterportulak und Zwiebeln. Feldsalat mag keinen Baldrian in unmittelbarer Umgebung.

Gute Nachbarn für Kopfsalat sind Bohnen, Dill, Erbsen, Erdbeeren, Gurken, Kohl, Lauch, Möhren, Tomaten und Zwiebeln. Hingegen sollte Sellerie nicht in unmittelbarer Nähe gepflanzt werden.

Zu Pflücksalat passen Brokkoli, Dill, Erbse, Karotte, Kohlrabi, Kopfkohl, Mais, Mangold, Pastinake, Radieschen und Rosenkohl. Zucchini sind schlechte Nachbarn des Pflücksalats.

Petersilie ist eine schlechte Nachbarin für alle Salate, da ihre Stoffwechselprodukte und ätherischen Öle schädigend auf Salat wirken.

5. Zucchini

Der Anbau von Zucchini ist in der Regel unkompliziert und ergibt bei gutem Nährstoffangebot eine reiche Ernte. Zucchinipflanzen benötigen vor allem Stickstoff. Pflanze sie am besten neben stickstoffbildende Leguminosen wie Stangenbohnen und Erbsen. Auch Kopfsalat, Lauch, Möhren, Petersilie, Rettich, Rote Bete, Sellerie, Spinat und Zwiebel sind gute Nachbarn der Zucchini. Pflücksalat sollte dagegen nicht neben Zucchini gepflanzt werden.

6. Gurken

Üppigen Ertrag ergeben die flach wurzelnden Gurken neben dem ebenfalls wärmeliebenden, tief wurzelnden Sellerie. Die Gurke als Starkzehrer benötigt Stickstoff, der von Erbsen und Bohnen gebildet wird. Weitere gute Partner sind

Dill, Fenchel, Kohl, Kopfsalat, Kümmel, Lauch, Mais, Rote Bete und Zwiebeln. Im Freiland können Gurken und Tomaten nebeneinander gut auskommen. Im Gewächshaus bilden sich jedoch meist bei einer der beiden Sorten Krankheiten, da Tomaten trockene Luft bevorzugen, Gurken dagegen feuchte Luft. Borretsch, in die Nähe gepflanzt, lockt durch seine vielen Blüten Insekten an, die fürs Bestäuben der Gurken wichtig sind.

7. Paprika

Paprika braucht viel Wärme und Wasser und gedeiht daher neben der Tomate im Gewächshaus besonders gut. Sie wächst langsamer als die Tomate und bleibt auch von Wuchs eher klein. Weitere gute Nachbarn sind die Möhre mit ihren tiefen Wurzeln sowie Kohl. Schlechte Nachbarn für Paprika sind Erbsen, Gurken, Kartoffeln und Sellerie.

Grüner pflanzen

8. Kürbis

Der starkzehrende Kürbis ist pflegeleicht. Im sogenannten Indianerbeet wächst er gemeinsam mit Mais und Bohnen, die ihn mit Nährstoffen versorgen, während der Kürbis den Untergrund bedeckt, ihn frei von unerwünschten Beikräutern hält und vor dem Austrocknen bewahrt. Auch neben Brokkoli und Ringelblume entwickelt sich Kürbis gut. Dill, Gurken und Kohl sollten dagegen nicht zusammen mit Kürbis angebaut werden.

9. Bohnen

Beim Anbau von Bohnen wird hauptsächlich zwischen niedrig wachsenden Buschbohnen und kletternden Stangenbohnen unterschieden. Die rankenden Stangenbohnen profitieren von Mais als Rankhilfe, der sich im Gegenzug über den Stickstoff der Bohnen freut. Ebenfalls gute Partner für Stangenbohnen sind Endivien, Gurken, Kohl, Kohlrabi, Kopfsalat, Radieschen, Rettich, Sellerie, Spinat und Zucchini.

Buschbohnen kommen mit Bohnenkraut, Erdbeeren, Gurken, Sellerie, Roter Bete, Kohlarten, Kopfsalat, Pflücksalat und Tomaten gut aus.

10. Lauch

Lauch passt zu Erdbeeren, Kohl, Kopfsalat, Möhren, Sellerie und Tomaten. Wermut und Rettich schützen ihn vor der Lauchmotte.

Ungeeignete Beetnachbarn für Porree sind Bohnen, Erbsen, Grünkohl, Knoblauch, Rote Bete und Schnittlauch.

11. Radieschen

Die schwach zehrenden Radieschen gedeihen gut neben Bohnen, Erbsen, Kohl, Kopfsalat und Möhren.

Hingegen sind Brokkoli, Chinakohl, Erdbeere, Gurke, Kohlrabi, Kopfkohl, Rettich, Rucola, Rosenkohl, Senf und Zucchini für den benachbarten Anbau ungeeignet.

▶ Weitere Tipps für die Mischkultur

Wem die Pflanzkombinationen zu kompliziert sind, der kann sich an die Faustregel halten: Pflanze Gemüse, das oberirdisch geerntet wird, neben solches, das unterirdisch gedeiht.

Achte außerdem darauf, dass die Vorkultur möglichst kein schlechter Nachbar des Gemüses war, da sich dies ungünstig auf das Wachstum der Nutzpflanzen auswirken kann. Die folgende Tabelle gibt Auskunft über weitere günstige und ungünstige Pflanzkombinationen im Biogarten.

smarticular.net/mischkultur

	Bohnen	Erbsen	Erdbeeren	Fenchel	Gurken	Karotten	Kartoffeln	Knoblauch	Kohlarten	Kopfsalat***	Lauch	Mangold	Petersilie	Rettich**	Rote Bete	Sellerie	Spargel	Spinat	Tomaten	Zichorien*	Zwiebeln
Bohnen		–	o	–	+	o	o	–	+	+	–	o	o	+	+	+	o	o	o	o	–
Erbsen	–		o	+	+	+	–	–	+	+	–	o	o	+	o	o	o	o	–	o	–
Erdbeeren	o	o		o	o	o	o	+	+	+	+	o	o	+	o	o	o	o	o	o	+
Fenchel	–	+	o		+	o	o	o	o	+	o	o	o	–	o	o	o	o	–	+	o
Gurken	+	+	o	+		o	o	+	+	+	+	o	o	–	+	+	+	o	–	o	+
Karotten	o	+	o	o	o		o	+	o	+	+	+	o	+	o	o	o	o	+	+	+
Kartoffeln	o	–	o	o	o	o		o	–	o	o	o	o	o	–	–	o	+	–	o	o
Knoblauch	–	–	+	o	+	+	o		–	+	o	o	o	o	+	o	–	o	+	o	o
Kohlarten	+	+	+	o	+	o	–	–		+	+	+	o	+	+	+	o	+	+	o	–
Kopfsalat**	+	+	+	+	+	+	o	+	+		+	o	–	+	+	–	+	o	+	+	+
Lauch	–	–	+	o	+	+	o	o	+	+		o	o	o	–	+	o	o	+	o	o
Mangold	o	o	o	o	o	+	o	o	+	o	o		o	+	o	o	o	o	o	o	o
Petersilie	o	o	o	o	o	o	o	o	o	–	o	o		+	o	o	o	o	+	o	o
Rettich**	+	+	+	–	–	+	o	o	+	+	o	+	+		o	o	o	+	+	o	o
Rote Bete	+	o	o	o	+	o	–	+	+	+	–	o	o	o		–	o	+	o	o	+
Sellerie	+	o	o	o	+	o	–	o	+	–	+	o	o	o	–		o	o	+	o	o
Spargel	o	o	o	o	+	o	o	–	o	+	o	o	o	o	o	o		o	+	o	–
Spinat	o	o	o	o	o	o	+	o	+	o	o	o	o	+	+	o	o		+	o	o
Tomaten	o	–	o	–	–	+	–	+	+	+	+	o	+	+	o	+	+	+		+	o
Zichorien*	o	o	o	+	o	+	o	o	o	+	o	o	o	o	o	o	o	o	+		+
Zwiebeln	–	–	+	o	+	+	o	o	–	+	o	o	o	o	+	o	–	o	o	+	

– hemmende Partnerschaft, + förderliche Partnerschaft, o neutrale Partnerschaft

* Endivien, Zuckerhut, Chicorée, Radicchio

** auch Radieschen

*** auch Pflück- und Schnittsalat

Die richtige Fruchtfolge: weniger düngen, mehr ernten

Die richtige Fruchtfolge im Gemüsebeet beeinflusst die optimale Entwicklung der Pflanzen und ihren Ertrag entscheidend. Sie hilft, den Bedarf an zusätzlicher Düngung oder sogar Schädlingsbekämpfung zu minimieren. So reduziert sich mit einer sinnvollen Fruchtfolge im Gemüsebeet der Pflegeaufwand, während der Ertrag steigt.

Starkzehrer, Mittelzehrer und Schwachzehrer

Die Basis einer sinnvollen Fruchtfolge im Garten bildet die Unterteilung der Nutzpflanzen in Schwach-, Mittel- und Starkzehrer. Während Starkzehrer einen besonders hohen Nährstoffbedarf haben, können Schwachzehrer vom Überangebot eines frisch gedüngten Bodens sogar geschwächt werden. Deshalb empfiehlt es sich, auf nährstoffreichem bzw. frisch gedüngtem Boden zunächst Starkzehrer zu pflanzen. Darauf folgen Mittelzehrer, und am Schluss kommen die Schwachzehrer ins Beet. Es lohnt sich, bewährte Fruchtfolgen auszuprobieren und eigene Erfahrungen für die weiteren Planungen zu sammeln.

Erst die Starkzehrer

Starkzehrer entziehen dem Boden besonders viele Nährstoffe und benötigen oft verhältnismäßig viel Stickstoff. Zu den Starkzehrern gehören vor allem schnell

wachsende Pflanzen, die in kurzer Zeit viele oder besonders große Früchte ausbilden, zum Beispiel:

- Tomaten
- Gurken
- Zucchini
- Auberginen
- Kürbisse
- Kartoffeln
- Paprika
- viele Kohlsorten

Mittelzehrer als optimale Nachkultur

Gemüsepflanzen mit einem mittleren Nährstoffbedarf, sogenannte Mittelzehrer, eignen sich besonders gut als Nachkultur, wenn vorher Starkzehrer im Beet waren. Sie wachsen teils besonders schnell und können so noch im selben Jahr ausgepflanzt werden. Zu den Mittelzehrern gehören:

- Spinat
- Mangold
- Stangenbohnen
- Rote Bete
- Kohlrabi
- Möhren
- Zwiebeln
- viele Salatsorten

Zum Schluss die Schwachzehrer

Schwachzehrer gedeihen besonders gut auf nährstoffarmem Boden mit nicht zu hohem Stickstoffgehalt, weshalb sie am besten vor der nächsten Düngephase gepflanzt werden. Einige von ihnen reichern den Boden über die Wurzeln mit Nährstoffen an, zum Beispiel Bohnen, die den Boden mit Stickstoff versorgen. Zu den Schwachzehrern gehören zum Beispiel:

- Feldsalat
- Pflücksalat
- Buschbohnen
- Erbsen
- Fenchel
- Radieschen
- Topinambur
- viele Kräuter

Nachdem Stark-, Mittel- und Schwachzehrer ihren Bedarf gedeckt haben, ist es notwendig, die verbrauchten Nährstoffe wieder aufzufüllen (mehr dazu im Kapitel **Pflanzen natürlich stärken** ab Seite 95).

Im Sinne der Fruchtfolge kann als Ergänzung am Ende der Gartensaison eine Gründüngung ausgebracht werden (siehe Seite 46).

▶ Fruchtfolge leicht gemacht mit Frucht- und Beetwechsel

Unter Fruchtfolge wird die sinnvolle Reihenfolge verschiedener Pflanzen unterjährig innerhalb eines Beetes verstanden. Dagegen bedeutet der Fruchtwechsel den jährlichen Standortwechsel der einzelnen Gemüsesorten, in Anlehnung an die Vierfelderwirtschaft. Durch die Einteilung in mehrere Beete lassen sich Fruchtfolgen (von Jahr zu Jahr, aber auch innerhalb eines Gartenjahres) und Fruchtwechsel leicht über mehrere Jahre hinweg planen. Während ein Beet zuerst mit Starkzehrern versehen wird, starten die anderen mit Mittel- und Schwachzehrern. Das vierte Beet erhält eine Gründüngung. Im nächsten Jahr wandern die Arten ein Beet weiter. So behältst du den Überblick, und alle Pflanzentypen finden die für sie optimalen Bedingungen.

Auch beim Fruchtwechsel spielt die Pflanzenfamilie der aufeinanderfolgenden Kulturen eine Rolle. Pflanzen aus derselben Familie sollten nicht unmittelbar aufeinanderfolgen und im besten Fall erst nach vier Jahren wieder ins gleiche Beet gesetzt werden.

Tipp: Mit der richtigen Mischkultur kannst du deine Gartenpflanzen zusätzlich stärken und vor Schädlingen schützen (siehe Seite 55).

smarticular.net/fruchtfolge

Gärtnern für „Faule“: einmal pflanzen, immer wieder ernten

Ein wichtiger Baustein der Permakultur ist die Idee, möglichst mehrjährige Pflanzen in den Garten zu integrieren. Mit folgenden mehrjährigen Nutzpflanzen kannst du dir alljährliches Säen und Vorziehen sparen und brauchst kein Geld für Setzlinge auszugeben. Mit ein bisschen Pflege sprießen sie immer wieder und versorgen dich mehrere Jahre lang mit frischen Vitalstoffen.

1. Artischocken

Artischockenpflanzen sind den Disteln ähnlich. Sie sind reich an Ballaststoffen und enthalten viel Vitamin C, Kalium und Phosphor. Geerntet werden nur die Blütenknospen. Die Pflanze selbst bleibt im Boden und treibt für drei bis vier Jahre immer wieder neu aus.

Artischocken sind frostempfindlich und sollten im Herbst mit einer schützenden Schicht aus Laub, Stroh oder Sand bedeckt werden. Ausgegraben können sie in einem Topf in einem kühlen, hellen Treppenhaus überwintern.

2. Bärlauch

Die widerstandsfähigen Pflanzen mit aromatischen, nach Knoblauch duftenden Blättern werden an einem schattigen Plätzchen angesiedelt, zum Beispiel unter Sträuchern oder auf einer Baumscheibe. Bärlauch mag eine feuchte Umgebung und ist verhältnismäßig anspruchslos. Er vermehrt sich von selbst, wenn er sich an den Standort gewöhnt hat.

3. Erdbeeren

Als mehrjährige Stauden sind Erdbeeren von Natur aus winterhart. In der Regel kann man sich im zweiten Jahr sogar über einen höheren Ertrag als im Vorjahr freuen. Das Überwintern kannst du ihnen mit einer Schicht Laub erleichtern.

Auch Walderdbeeren eignen sich für sonnige bis halbschattige Standorte im Garten und dämmen als Bodendecker ganz nebenbei das Wachstum nicht willkommener Beikräuter ein.

Tipp: Beerenarten wie Himbeeren, Brombeeren und Johannisbeeren sind winterhart, benötigen nur wenig Pflege und beschenken dich für viele Jahre mit Früchten.

4. Erdmandeln

Die kleinen süßlichen Knollen eignen sich als gesunde Zuckeralternative. Nussallergiker können sie als Ersatz beim Kochen und Backen verwenden. Erdmandeln bevorzugen einen feuchten Standort. Die Pflanze braucht keinen Winterschutz und treibt im Frühling wieder neu aus.

5. Ewiger Kohl

Einmal gepflanzt, kannst du fast das ganze Jahr über mild schmeckende Blätter des Ewigen Kohls ernten. Lediglich bei strengem Frost setzt er sein Wachstum für kurze Zeit aus, um im Frühjahr erneut auszutreiben.

6. Luftzwiebeln

Luftzwiebeln bilden an ihren Blütenstängeln sogenannte Brutzwiebeln aus. Von Frühjahr bis Herbst kannst du die jungen Blätter und Zwiebeln der winterharten, mehrjährigen Pflanze ernten. Wenn du einzelne Brutzwiebeln stehen lässt, knicken sie irgendwann ab und entwickeln daraus Ableger. Die jungen Blätter eignen sich für Salate oder für würzigen Kräuterquark. Luftzwiebelknollen sind wie herkömmliche Zwiebeln verwendbar.

7. Rhabarber

Rhabarber lässt sich in der Küche vielfältig verwenden, sollte aber aufgrund seines hohen Oxalsäuregehalts nicht in größeren Mengen roh verzehrt werden. Im Garten bevorzugt die tiefwurzelnde Pflanze einen sonnigen Standort und

nährstoffreichen Boden. Rhabarber kann bis zu acht Jahre lang an einem Standort im Garten verbleiben. Im Herbst konzentriert er seine Kräfte in der Wurzel und treibt im Frühjahr erneut aus. Frisch gepflanzte Exemplare ausgenommen, kommt Rhabarber ohne zusätzlichen Schutz durch den Winter.

8. Topinambur

Topinambur enthält eine Fülle an Vitaminen, Mineralien und Spurenelementen. Er wird aufgrund seines Aromas auch Erdartischocke genannt. Ab Herbst ist es möglich, die Knollen zu ernten und vielfältig weiterzuverarbeiten. Topinambur vermehrt sich unterirdisch über die Ausbildung von Rhizomen und kann sich deshalb schnell unkontrolliert im Garten ausbreiten. Um dies zu verhindern, empfiehlt es sich, ihn in einem großen Pflanzgefäß in den Garten zu setzen oder den Standort mit einer Wurzelsperre zu versehen.

9. Wilde Rauke

Die Wilde Rauke ist eine mehrjährige Variante des Rucola, die umso mehr austreibt, je intensiver ihre Blätter abgeerntet werden. Mehr Pflege als regelmäßiges Gießen und Schneiden braucht die robuste, aromatische Pflanze nicht. Im Garten bevorzugt sie einen sonnigen Standort und versorgt dich vom zeitigen Frühjahr bis zum ersten Frost mit frischem Grün.

smarticular.net/mehrjaehrige-pflanzen

Saatguttauschbox als Alternative zum Kauf

Bei der Saatguttauschbox handelt es sich um eine Box, die in einem öffentlich zugänglichen Raum aufgestellt wird, zum Beispiel in Rathäusern, Bibliotheken oder dem Eingang zur Gartenkolonie. Jeder kann Saatgut einlegen oder mitnehmen. Das Ganze ist kostenlos und soll der Erhaltung sortenreinen Saatguts dienen. Auf der Seite *freiessaatgut.de* erfährst du, wo Saatgut-Tauschboxen aufgestellt sind, und kannst deine eigene Box registrieren.

▶ Das brauchst du für eine Saatgutbox

Eine alte Weinkiste oder ein Karton reichen bereits als Saatbox aus. Du benötigst außerdem einen Ort, der öffentlich zugänglich und wettergeschützt ist, etwa eine Stadtbücherei. Manche Boxen stehen in Yogazentren, Begegnungszentren, Repairshops, Community-Gärten oder interessierten Geschäften.

Für einen gelungenen Start ist etwas Saatgut vorteilhaft, das zu Beginn in die Box gelegt wird. Dafür bietet sich zum Beispiel überschüssiges gekauftes, sortenreines Biosaatgut an. Das Saatgut wird entweder portionsweise verpackt oder in einer offenen Tüte angeboten, aus der sich jeder nach eigenem Bedarf bedienen kann.

Um es den Tauschenden einfacher zu machen, empfiehlt es sich, auch leere Papiertüten oder gebrauchte Briefumschläge in der Box bereitzustellen. Darauf kann bereits Erntejahr und Sorte vermerkt werden.

smarticular.net/saatgut-tausch

Blumen- und Gemüsesamen selbst vermehren

Sein eigenes Saatgut aus den angebauten Pflanzen zu gewinnen, ist meist gar nicht schwierig. Besonders einfach ist es bei Salat, Blumen und Kräutern. Lass einfach ein oder zwei Salatköpfe stehen, bis der Salat schießt, also in die Blüte geht. Auch Kräuter fangen früher oder später an, Blüten zu bilden.

So geht's:

1. Blüten stehen lassen, bis sie verblüht sind und auszutrocknen beginnen. Dann sind die Samen vollständig ausgebildet.
2. Blüten abschneiden und nach Bedarf noch einmal zum Trocknen aufhängen, bis sie richtig durchgetrocknet sind.
3. Stängel und Blätter entfernen und die Samen zur Aufbewahrung in ein luftdichtes Gefäß geben.

Tipp: Um die Aussaat im neuen Jahr zu erleichtern, kannst du mit den geernteten Samen Saatscheiben oder Saatbänder herstellen (siehe Seite 78).

Bei Gemüsepflanzen wie Tomate, Gurke, Zucchini, Paprika und Kürbis ist die Samengewinnung etwas aufwendiger, weil die Samen im Fruchtfleisch sitzen, das du zunächst entfernen musst.

So gelingt's:

1. Früchte an der Pflanze hängen lassen, bis sie voll ausgereift sind.
2. Nach der Ernte die Samen aus der Frucht lösen und zusammen mit den an ihnen haftenden Resten des Fruchtfleischs in eine Schale mit Wasser geben.

3. Bei Gurken und Zucchini lassen sich schon nach wenigen Minuten Einweichzeit die Samen leicht absammeln. Tomatensamen in ein Sieb geben, abbrausen und dabei manuell von der gallertartigen Masse lösen.

4. Wenn das Fruchtfleisch entfernt ist, die Gemüsesamen mehrere Wochen lang an der Luft trocknen. Dafür einfach auf einem saugfähigem Papier oder einem Tuch ausbreiten.

Hinweis: Bei Zucchini können sich giftige Bitterstoffe durch Einkreuzungen von Zierkürbissen oder durch die Bildung pflanzeneigener Schutzstoffe entwickeln. Wenn die Früchte bitter schmecken, solltest du sie unbedingt entsorgen!

Samengewinnung bei zweijährigen Pflanzen

Zweijährige Pflanzen bilden im ersten Jahr nur Blätter und Wurzeln aus, auch in Form von Rüben und Knollen. Blüten und Samen entwickeln sich erst im zweiten Jahr.

Zweijährige Freilandblumen wie Bartnelke, Nachtkerze, Marienglockenblume, Goldlack, Stockrose, Stiefmütterchen und Fingerhut lassen sich problemlos im Garten überwintern. Wenn sie im zweiten Jahr blühen und Samen ausbilden, bietet es sich an, ihre Samen zu ernten und neu auszusäen, oder du lässt sie sich einfach selbst aussäen.

Zweijährige Gemüsepflanzen wie Rote Bete, Karotten, Zwiebeln, Pastinaken, Mangold und viele Kohlsorten gehen erst im zweiten Jahr in die Blüte und bilden dann ihre Samen aus. Die Samengewinnung ist recht unsicher und aufwendig und lohnt sich meistens nicht. Wenn du es trotzdem versuchen möchtest, ist es empfehlenswert, Knollen und Rüben an einem frostsicheren Ort in Sand oder Erde eingegraben überwintern zu lassen und im neuen Gartenjahr wieder ins Beet zu setzen.

Abhängig von der Sorte und bei trockener Lagerung bleiben deine selbst geernteten Samen über mehrere Jahre hinweg keimfähig.

smarticular.net/samen-gewinnen

Gemüse ökologisch vorziehen

Einige Gemüsesorten und Kräuter wachsen recht langsam oder sind besonders kälteempfindlich. Aufgrund der relativ kurzen Vegetationsperiode hierzulande sind solche Arten für eine Direktaussaat im Freiland weniger geeignet. Sie können stattdessen ab Februar/März geschützt vor Wind und Wetter an einem warmen Ort vorgezogen werden.

Bei Tomaten, Kohlrabi & Co. funktioniert das hervorragend auf der Fensterbank. Dafür brauchst du weder teures Equipment noch ökologisch fragwürdige Anzuchttöpfe aus Torf. Verwende einfach kleine Anzuchttöpfchen, selbst gemacht mit einfachen Mitteln aus „Müll“ (siehe Seite 75).

▶ Dieses Gemüse kannst du auf der Fensterbank vorziehen

Folgende Sorten eignen sich gut, um sie für eine verlängerte Pflanzsaison vorzubereiten:

- Fruchtgemüse wie Tomate, Paprika, Gurke, Kürbis, Zucchini, Aubergine
- Blattgemüse, zum Beispiel Kopfsalat und Mangold
- Kohlgemüse wie Kohlrabi, Brokkoli, Blumenkohl, Wirsing
- viele Kräuter wie Thymian, Basilikum, Petersilie

Als Faustregel gilt: März und April sind gute Monate für die Aussaat. Die Pflanzung ins Freiland erfolgt dann im Mai und Juni. Je nach Sorte kann der optimale Zeitpunkt jedoch variieren. Richte dich am besten nach den Angaben auf der Saatgutpackung. Außerdem sollte bei der Pflanzung ins Freie eine milde Außentemperatur vorherrschen. Auf keinen Fall die Pflanzen bei Frost ins Freiland setzen! Dabei auch den Nachtfrost beachten. Eine alte Bauernregel empfiehlt, die Eisheiligen abzuwarten.

Allerdings gibt es auch Gemüse, das sich am besten entwickelt, wenn es direkt ins Freiland ausgesät wird. Dazu zählt Wurzelgemüse wie Möhren, Radieschen und Rote Bete. Auch Zwiebeln sowie einige Pflücksalate und Spinat müssen nicht vorgezogen werden.

▶ Anzucht in DIY-Anzuchttöpfchen

Aus Klopapierrollen oder altem Zeitungspapier lassen sich umweltfreundliche Anzuchttöpfchen basteln. Sie können später im Ganzen umgetopft oder ins Freiland gepflanzt werden, ohne dass die Wurzeln der jungen Pflanzen verletzt würden. Als umweltfreundliche Anzuchterde eignet sich Gartenerde oder Erde eines Maulwurfshügels, eventuell gemischt mit Komposterde (siehe Seite 54). Eine detaillierte Anleitung zum Basteln der Töpfchen aus Zeitungspapier findest du auf Seite 76.

So wird's gemacht:

1. Topf mit der Sorte beschriften.
2. Erde mischen und gegebenenfalls sieben, damit sie feiner wird.
3. Erde ins Töpfchen geben und etwas andrücken.
4. Jeweils in die Mitte mit dem Finger eine kleine Kuhle für die Samen drücken. Die optimale Saattiefe ist abhängig von der Sorte und in der Regel auf den Samentütchen angegeben.
5. Pro Anzuchttopf einen Samen in die Kuhle geben, mit etwas Erde bedecken und leicht andrücken. Lichtkeimer, zum Beispiel Thymian und Basilikum, dürfen nicht von Erde bedeckt sein.
6. Die Erde gut mit Wasser befeuchten.
7. Die Töpfe im Zimmergewächshaus aufbewahren oder auf einem Teller aufbauen und auf die Fensterbank stellen.
8. Regelmäßig mit Wasser besprühen oder vorsichtig gießen. Die Erde sollte stets feucht sein, aber nicht nass.

Je nach Sorte wachsen innerhalb von fünf bis zehn Tagen die ersten Keimlinge. Wenn die Pflanzen größer werden und schon die ersten Laubblätter gebildet haben, solltest du sie – wenn du sie noch nicht direkt ins Freiland pflanzen kannst – in größere Behältnisse umtopfen.

▶ Pflegetipps

Mit diesen Tipps sorgst du für optimale Bedingungen für die Anzucht:

- Verwende eher nährstoffarme Erde. Die Pflänzchen müssen sich dann mehr anstrengen, um an Nährstoffe zu gelangen, und bilden so kräftigere Wurzeln aus. Normale Pflanzerde kannst du zu diesem Zweck mit Sand mischen.
- Licht, Wasser und Wärme sind das A und O. Eine nach Süden ausgerichtete Fensterbank ist ein optimaler Standort. Wärmeliebende Pflanzen wie Tomaten, Paprika oder Chili benötigen Keimtemperaturen von über 20 °C.

- Gieße nie auf die Blätter, sondern immer direkt auf die Erde. Das Gießwasser sollte zimmerwarm sein.
- Zu viel Nässe begünstigt Schimmelbildung. Achte darauf, dass das Wasser sich nicht sammelt, und stelle die Anzuchttöpfchen nicht zu eng aneinander.
- Wenn die Jungpflanzen zu schnell emporwachsen und lange, dünne Stängel bilden (Vergeilung), sind Lichtmangel und/oder eine zu hohe Temperatur schuld. Je dunkler der Standort ist, desto kühler sollte er sein.
- Gewöhne die Pflanzen langsam ans Freiland: Sobald sie groß genug sind, können sie bei milden Temperaturen hin und wieder auf den Balkon.

smarticular.net/gemuese-kraeuter-vorziehen

Alternativen zu Anzuchttöpfen aus Torf

Im Handel wird für die Anzucht häufig Torf in verschiedenen Ausführungen angeboten, für dessen Gewinnung Moore unwiederbringlich zerstört werden. Dabei gibt es ein paar schnelle, kostengünstige, wiederverwertbare und umweltschonende Alternativen zu Torf.

Klassische Tontöpfe sind zwar etwas teurer, halten dafür aber fast ein Leben lang. Sie sind abwaschbar und sehr standfest. Zusätzlich sorgen sie für einen ausgeglichenen Temperatur-, Luft- und Wasserhaushalt, da der poröse Ton Wärme speichert und Feuchtigkeit aufnehmen und wieder abgeben kann – eine wichtige Voraussetzung, um Schimmel zu vermeiden.

Kokosquelltöpfe sind Topf und Substrat in einem. Wenn man Wasser über die Tabletten gießt, quellen sie auf. Dadurch können sie sehr gut die Feuchtigkeit speichern. Andererseits muss man aufpassen, dass die zarten Wurzeln nicht wegen zu viel Feuchtigkeit faulen. Sobald der Topfballen gut durchwurzelt ist, kann er mitsamt der Pflanze direkt in die Erde gesetzt werden.

Pappröhren von Toilettenpapier oder Küchenrollen eignen sich sehr gut für die Anzucht von Wurzelgemüse, da sich die feuchte Röhre ebenfalls mitsamt der Pflanze in die Erde setzen lässt.

Eierkartons bestehen in der Regel aus Recyclingmaterial und eignen sich ebenfalls hervorragend als Anzuchtbehälter. Fülle die einzelnen Fächer mit Substrat und halte sie stets feucht. Sobald die Sprösslinge groß genug zum Auspflanzen sind, kannst du den Karton vorsichtig in einzelne Segmente zerreißen und die Pflänzchen samt Pappe umpflanzen.

Alte Plastikflaschen eignen sich als Anzuchtglocken, wenn man vorher den Boden abschneidet. Stülpe sie einfach über die empfindlichen Pflanzen und lüfte sie und ab und zu, indem du den Deckel abschraubst. So wird es darin nicht zu warm und stickig.

smarticular.net/anzuchttoepfchen

Anzuchttöpfchen aus Zeitungspapier

Kompostierbare Anzuchttöpfchen aus Zeitungspapier sind besonders praktisch und schnell hergestellt. Geeignet ist unbeschichtetes Papier von Tageszeitungen, das in geringen Mengen unbedenklich ist und sich mit der Zeit in der Gartenerde auflöst.

Du benötigst dazu:

1 Bogen Zeitungspapier
1 Klopapierrolle
Stößel (zum Beispiel einen Caipirinha-Stampfer oder ein kurzes Rundholz)

So geht's:

1. Einen 10–15 Zentimeter breiten Zeitungsstreifen fest um die Rolle wickeln. Der Streifen sollte dabei an einem Ende zur Hälfte über das Ende der Rolle überstehen.
2. Den Überstand nach innen umschlagen und die Rolle auf eine feste Unterlage stellen.
3. Mit dem Stößel das nach innen umgeschlagene Papier zusammendrücken.
4. Klopapierrolle herausziehen – fertig ist das Anzuchttöpfchen.

Das Töpfchen ist stabil genug für eine kleine Menge Erde und behält auch bei Feuchtigkeit seine Form. Mit der Zeit verrottet es, sodass sich die Wurzeln ins Erdreich ausbreiten können.

Hinweis: Während Druckfarben bis in die 50er-Jahre noch Schwermetalle enthielten, werden sie heute auf Basis von Pigmenten hergestellt, die in den verwendeten Mengen keinerlei Gefahr darstellen.

▶ Gefaltetes Anzuchttöpfchen

Größere, stabilere Töpfchen können ganz leicht aus Zeitungspapier gefaltet werden. Dafür brauchst du nur einen Bogen Zeitungspapier. Um sie zu falten, sind allerdings einige Schritte notwendig, die sich in einem Buch nur schwierig erklären lassen. Ein hilfreiches Video dazu findest du auf unserer Webseite.

smarticular.net/anzuchttopf-zeitung

Setzlinge wärmen mit Brennnesselkraut

Brennnesseln gehören zu den nützlichsten Pflanzen im Biogarten. Schon bei den ersten Vorbereitungen für die nächste Gartensaison können sie dich unterstützen. Wenn du säst oder neue Setzlinge auspflanzt, lege einfach einige Brennnesselblätter vor dem Einsetzen der Pflanze oder des Samens ins Pflanzloch. Die durch den Zersetzungsprozess der Blätter entstehende Wärme fördert das Wachstum deiner Setzlinge, und die Nährstoffe der Blätter sind ein natürlicher Dünger.

smarticular.net/brennnessel-garten

Gemüse säen mit dem Saatband

Besonders einfach und schnell funktioniert das Ausbringen der Saat mit Saatbändern, die du in Gärtnereien und im Onlinehandel erhältst. Du kannst sie auch mit wenig Aufwand und den Samen deiner Wahl selbst herstellen!

Das wird benötigt:

- Blumen- oder Gemüsesamen
- ungebleichtes, stabiles Toilettenpapier oder Küchenkrepp
- Mehl
- Wasser

So gehst du vor:

1. Toilettenpapier in der gewünschten Länge bereitlegen. Küchenkrepp eventuell in zehn Zentimeter breite Streifen schneiden.
2. Drei oder vier Bahnen der Länge nach auf das Papier zeichnen, abhängig von der Größe der Samen. Auf jedem Streifen die empfohlenen Abstände für die Samenkörner laut Packungsangabe markieren.

3. Aus Mehl und Wasser einen natürlichen Kleber herstellen. Dazu einige Esslöffel Mehl in eine kleine Schüssel geben und unter Rühren teelöffelweise Wasser hinzufügen, bis eine zähflüssige Masse entsteht.

4. Mit einer Spritze oder einem Pinsel den selbst gemachten Klebstoff auf die Markierungen tupfen.

5. Auf jeden Klebstoff-Klecks ein Samenkorn legen.

6. Trocknen lassen und anschließend in die vorgezeichneten Bahnen schneiden.

Statt jedes Samenkorn einzeln in die Erde zu legen, brauchst du jetzt nur noch eine ausreichend tiefe Rille in den Boden zu ziehen. Anschließend das Saatband hineinlegen und vorsichtig mit Erde bedecken.

Tipp: Auf diese Weise lassen sich auch Saatscheiben für Blumentöpfe und Kübel herstellen. Dafür einfach ein Blatt Küchenrolle verwenden, in die entsprechende Größe schneiden und die Samen aufkleben.

smarticular.net/saatband

Samenbomben (Seed Bombs) einfach selber machen

In der Stadt lässt sich die Natur zwischen Betonwüsten und Blechlawinen oft kaum mehr ausmachen. Das führt auch zu einem schwindenden Nahrungsangebot für Bienen, Schmetterlinge und andere Insekten, die für die Kreisläufe der Natur und damit für unser Leben eine wichtige Funktion erfüllen.

Eine Form des „grünen Widerstands“ ist das Ausbringen sogenannter Saat- oder Samenbomben (engl. „Seed Bombs“). Samenbomben bringen alles Notwendige mit, um auch bei schlechten Ausgangsbedingungen aufzugehen. Du kannst sie in Gemeinschaftsgärten, Naturschutzvereinen, aber auch im Internet erwerben – oder selbst herstellen.

▶ Der richtige Ort für den „Abwurf“

Damit du den Erfolg deiner Aktion verfolgen und dich selbst regelmäßig am Wachstum deiner Pflanzen erfreuen kannst, empfiehlt es sich, zunächst einen oder mehrere Orte in deinem näheren Umfeld auszuwählen. Ob Baumscheiben, grüne Verkehrsinseln, Bahndämme oder brach liegende Grundstücke – theoretisch lassen sich die Samen fast überall platzieren.

Weniger empfehlenswert sind fremde Gärten oder Privateigentum, schließlich ist erklärtes Ziel des Guerilla Gardening, Natur und Mensch etwas Gutes zu tun und nicht Dritte durch ungefragte Pflanzaktionen zu verärgern. Bei Grünstreifen, die regelmäßig von Passanten oder Tieren zertrampelt werden, ist es schade um das Saatgut.

Zutaten für Samenbomben

Um Saatbomben zu basteln, brauchst du nur wenige Zutaten. Klassischerweise bestehen Seeds Bombs aus:

- Samen
- Tonpulver
- Erde

1. Auswahl der Samen

Je nachdem, ob du einen sonnigen oder schattigen Standort gewählt hast, und je nach Bodenbeschaffenheit kommen einige Pflanzenarten eher infrage als andere. Grundsätzlich solltest du heimische, an den jeweiligen Standort angepasste, samenfeste Sorten gegenüber exotischen Pflanzen und Hybridsaatgut bevorzugen.

2. Tonpulver oder Katzenstreu

Tonpulver oder auch Tonerde ist eine Sammelbezeichnung für verschiedene Erden, die besonders reichhaltig an Mineralstoffen und Spurenelementen sind. Kaufen kannst du es in der Apotheke oder in größeren Mengen auch im Netz. In den Samenbomben sorgt es für den Zusammenhalt der einzelnen Bestandteile.

Eine preiswerte Alternative ist Katzenstreu aus Bentonit. Dabei handelt es sich um ein Gemisch aus verschiedenen Tonerden, das sich aufgrund seiner positiven Wirkung auf die Bodenqualität auch dazu eignet, Kompost zu verbessern. Achte darauf, dass das Katzenstreu aus reinem Bentonit besteht und keine Zusätze wie Duftstoffe enthält.

3. Auswahl der Erde

Um Samenbomben herzustellen, ist einfache Garten-, Kompost- oder Pflanzerde geeignet. Gartenerde lässt sich je nach Bedarf zusätzlich mit ein wenig Humus, Dünger oder einem organischen Abfall aus der Küche wie Kaffeesatz oder Eierschalen anreichern, um den Nährstoffgehalt zu verbessern.

▶ Samenbomben herstellen

Neben den richtigen Zutaten brauchst du für die Herstellung deiner Samenbomben folgende Utensilien:

- größere Schüssel
- Rührlöffel
- Wasser

Da das optimale Mischungsverhältnis der Zutaten je nach verwendeter Erde variiert, sind die Mengenangaben lediglich als Faustformel zu verstehen:

1 TL Samen (bei größeren Samen kann es etwas mehr sein)

4–5 EL Erde

4–5 EL Tonerde oder Bentonit

Diese Menge reicht für circa sechs Samenbomben. So gelingt's:

1. Falls Katzenstreu aus Bentonit verwendet wird, dieses mit einem Mörser etwas zerkleinern, um eine bessere Bindung zu erreichen.
2. Erde mit Samen vermischen.
3. Tonerde oder Bentonit hinzugeben.
4. Die Mischung so lange mit Wasser anreichern, bis ein geschmeidiger, aber immer noch fester Teig entsteht.
5. Aus dem Teig walnussgroße Kugeln formen.

Lass die Kugeln einige Tage lang trocknen, bevor du sie an die ausgewählten Ziele verteilst. Es reicht in der Regel aus, die Samenbomben am Zielort abzulegen oder sie an schlecht zugängliche Stellen zu werfen. Bei kühler und trockener Lagerung lassen sich die Samenbomben bis zu zwei Jahre aufbewahren.

smarticular.net/samenbomben

Ernten statt Jäten: essbare „Unkräuter"

Als Unkraut bezeichnen Gärtner all jene Pflanzen, die im Garten unerwünscht sind und die die Vorstellung von Schönheit und Ordnung stören. Sie wachsen meist schneller als Kulturpflanzen und verdrängen Gemüsesorten, Blumen oder Rasen. Meist handelt es sich um Samenunkräuter, die sich in kurzen Generationen mehrmals im Jahr vermehren.

Immer mehr Menschen entdecken die Tugenden dieser Pflanzen. Der Begriff „Unkraut" wird zunehmend durch „Wildkräuter", „Beikräuter" oder sogar „Heilkräuter" ersetzt. Viele dieser Pflanzen eignen sich hervorragend für den Verzehr und sind eine wertvolle Bereicherung in der Küche und für unsere Gesundheit.

Zudem steigern wild wachsende Pflanzen die Bodenqualität, indem sie das Erdreich bedecken und vor Erosion und Austrocknung schützen. Sie tragen zur Diversität im Garten bei, sodass Belastungen wie Wetterextreme und übermäßiger Schädlingsbefall weniger Schaden anrichten.

Giersch

Im März beginnt das starke Wachstum des Giersch, der fast das ganze Jahr lang sprießt und bis in den späten Herbst geerntet werden kann. Die zarten, hellgrünen Blätter sind sehr mild, schmecken ähnlich wie Spinat, Karotte und Petersilie und lassen sich zum Beispiel zu Suppen, Salaten oder Limonaden verarbeiten.

Seine heilsamen Inhaltsstoffe können gegen Krampfadern, Husten, Wurmbefall, Zahnschmerzen, Gicht, Rheuma und Verstopfung helfen. Giersch enthält viele Mineralien, doppelt so viel Vitamin C wie Brokkoli und Rosenkohl, genauso viel Vitamin A und doppelt so viel Eiweiß wie Grünkohl.

Vogelmiere

Die Gewöhnliche Vogelmiere wächst fast das ganze Jahr über und breitet sich schnell über unbepflanzte Erde aus. Sie liebt stickstoffhaltigen Boden und gilt als Zeigerpflanze. Wo sie wächst, fühlen sich auch Pflanzen mit starkem Blattwuchs wohl, zum Beispiel Kohl, Rhabarber und Gurken.

Du kannst sie als Salatgrundlage verwenden, wie Spinat kochen oder in Kräuterquark oder Butter mischen. Sie schmeckt dabei sehr mild und eignet sich besonders gut als Vitalstofflieferant für Kinder. Vogelmiere enthält mehr als doppelt so viel Eisen wie Spinat, mehr Vitamin C als Brokkoli oder Rosenkohl und viel Kalium und Calcium.

Gundermann

Der Gundermann (auch Gundelrebe) breitet sich schnell und flächendeckend in Beeten, im Rasen und unter Sträuchern und Hecken aus. Er wurzelt nicht sehr tief und ist dadurch leicht zu entfernen. Die jungen Blätter haben einen leicht herben, bitteren Geschmack und können wie Petersilie verwendet werden.

Gundermann ist hilfreich bei der Behandlung langwieriger Krankheiten und eitriger Beschwerden, bei Harnwegserkrankungen und Schnupfen.

Löwenzahn

Ein Tee aus Löwenzahnblättern macht munter, hilft beim Abnehmen und ist ein idealer Fastenbegleiter. Aus den gelben Blüten des Löwenzahns lässt sich ein schmackhafter und gesunder Sirup und aus den Wurzeln ein aromatischer Kaffee-Ersatz herstellen. Aus allen Pflanzenteilen lässt sich Presssaft gewinnen, der bei Nieren- und Darmbeschwerden Linderung verschafft, da Löwenzahn entwässernd und auch leicht abführend wirkt. Auch bei Leber- und Gallenbeschwerden, Gelenkschmerzen und Abnutzungserscheinungen an Gelenken und Bandscheiben kann er helfen.

Löwenzahn enthält genauso viel Vitamin C, Eiweiß und Kalium wie die gesündesten Kulturgemüse.

Brennnessel

Brennnesseln zeigen besonders nährstoffreichen und stickstoffhaltigen Boden an. In der Küche dient die Große Brennnessel als äußerst reichhaltige, grüne Eiweißquelle. Die Proteine kommen besonders konzentriert in den Samen vor und können zu Eiweißpulver verarbeitet werden.

Aus der Brennnessel lassen sich außerdem einige Hausmittel gegen Leiden wie Rheuma und Gicht herstellen. Ein Haarwasser mit den Blättern stärkt das Haar und hilft ganz natürlich gegen Schuppen. Die Brennnessel enthält dreimal so viel Kalzium wie Grünkohl und fünfmal so viel wie Spinat. Sie ist außerdem reich an Magnesium, Eisen, Vitamin C und Provitamin A.

Sauerampfer

Sauerampfer liefert etwa so viel Eiweiß und Vitamin C wie Rosenkohl und kann als schmackhaftes Würzkraut vielen Speisen einen besonderen Geschmack verleihen. Die jungen Blätter lassen sich als Salat verwenden oder zusammen mit Blütenknospen und frischen Trieben garen und als Gemüsebeilage servieren. Wie Rhabarber verfügt Sauerampfer über einen hohen Oxalsäuregehalt und sollte nur in geringen Mengen roh verzehrt werden.

Franzosenkraut

Das auch als Kleines Knopfkraut bekannte Franzosenkraut ist vor allem in Beeten mit niedrig wachsendem Gemüse problematisch. Denn es wächst oft schneller und entzieht anderen Pflanzen Nährstoffe und Sonnenlicht. Als Vitaminlieferant eignet es sich als Salatgrundlage, Spinatersatz, in Suppen, als Pesto oder auch als Würzkraut.

Das Kraut verfügt über dreimal so viel Eisen wie Spinat und ist außerdem reich an Magnesium und Calcium.

Weißer Gänsefuß

Der Weiße Gänsefuß (auch Ackermelde, Melde oder Falsche Melde) ist eines der am weitesten verbreiteten Wildkräuter und häufig an Äckern und Wegrändern zu finden. Er ist nicht besonders anspruchsvoll und vermehrt sich rasant durch seine sehr große Anzahl von Samen.

Die jungen Blätter des Gänsefußes sind reich an Vitamin C und Eiweiß. Sie liefern sehr viel Kalzium, Kalium und Zink. Sie sollten aber nur in geringen Mengen verzehrt werden, am besten gekocht, da sie auch über einen hohen Gehalt an Oxalsäure und Saponinen verfügen. Es empfiehlt sich, nicht mehr als 400 Gramm gekochte Gänsefußblätter am Tag zu sich zu nehmen.

Wegeriche

Die wohl bekanntesten Wegeriche sind der Breitwegerich und der Spitzwegerich. Beide Pflanzen wachsen an Wegrändern, sind aber auch auf Wiesen, in Beeten und in Pflasterfugen zu finden. Sie wurzeln tief und samen stark aus. Die Blütenstände sind schmackhafte Snacks zum Knabbern unterwegs. Die Blätter des Spitzwegerichs eignen sich ideal, um Atemwegserkrankungen zu behandeln, und gegen Erkältungen lässt sich ein Wegerich-Hustensirup ansetzen.

Knoblauchsrauke

Die aromatische Knoblauchsrauke fühlt sich in der Nähe von Hecken und Gebüschen sehr wohl und stört selten wirklich. Nur an besonders nährstoffreichen Orten wächst sie stark und groß. Sie ist eine wichtige Futterquelle für Insekten und lässt sich als gesundes, mildes und doch sehr würziges Küchenkraut nutzen. Die gesamte Pflanze ist genießbar und wird am besten roh gegessen, zum Beispiel als Pesto. Der Geruch erinnert an Knoblauch, der Geschmack der Wurzel an Meerrettich, und aus den Samenhülsen kannst du sogar eine Art Senf herstellen.

Nelkenwurz

Die Nelkenwurz ist kein klassisches „Unkraut“, sie wird vielmehr von manchen Gärtnern gezielt angebaut. Sie ist sehr widerstandsfähig und nur schwer wieder loszuwerden, wenn sie sich einmal angesiedelt hat. Die Nelkenwurz enthält wie die Gewürznelke das ätherische Öl Eugenol und kann genauso wie sie verwendet werden, unter anderem als Schmerzmittel bei Zahnschmerzen. Gegen Durchfall und Bauchkrämpfe hilft ein Nelkenwurztee. Er entgiftet und steigert das allgemeine Wohlbefinden.

smarticular.net/essbare-unkraeuter

Essbare Bodendecker

Wenn wild wachsende Kräuter im Garten unerwünscht sind, hilft ein einfacher Trick, das Jäten zu umgehen und dabei gleichzeitig mehr Ernte einzubringen. Wenn du in betroffenen Bereichen gezielt essbare Bodendecker pflanzt, bereichern sie deinen Speiseplan um gesunde und schmackhafte Vitalstofflieferanten.

Eigenschaften von Bodendeckern

Bodendecker sind Pflanzenarten, die sich durch ein niedriges, primär horizontales Wachstum auszeichnen. Wenn die Wachstumsbedingungen stimmen, bedecken sie in kurzer Zeit den Boden. Der auf diese Weise entstehende Teppich aus Blättern, Blüten und Früchten bewirkt einen verminderten Lichteinfall auf den darunter liegenden Boden, wodurch das Wachstum unerwünschter Wildpflanzen zurückgedrängt wird. Gleichzeitig schützt dieser Teppich die Erde vor Austrocknung, schafft Lebensraum für Nützlinge und sorgt für einen natürlichen Erosionsschutz.

Essbare Bodendecker

Unter den Bodendeckern befinden sich viele Sorten mit essbaren Früchten oder Blättern. Einige gedeihen sogar in Schattenbereichen unter Bäumen, andere eignen sich als pflegeleichte Zwischenkultur für abgeerntete Beete oder als essbarer Bodenschutz unter Tomaten- und Bohnenstauden. Dank der großen Anzahl bodenbedeckender Pflanzen gibt es eigentlich für jede Stelle im Garten die passende Sorte.

Beeren	Eigenschaften
Walderdbeeren	Ein sehr hoher Vitamin-C-Anteil und viele weitere Vitamine, Mineralstoffe und Folsäure sind in ihnen enthalten. Sie schmecken sehr aromatisch und sind gut geeignet für Marmeladen.
Waldheidelbeeren	Sie enthalten viele Vitamine und sekundäre Pflanzenstoffe und sind kleiner, dafür geschmackvoller als Kulturheidelbeeren.
Cranberrys	Diese Beeren enthalten zahlreiche Mineralstoffe, Vitamine, Ballaststoffe und Antioxidantien. Süß-säuerlich, werden sie besonders gern als Trockenobst gegessen.
Preiselbeeren	Sie enthalten viel Natrium, Phosphor und Kalium, auch sehr viel Vitamin C. Dank ihres säuerlichen Geschmacks passen sie sehr gut als Zutat in Wildgerichten oder in Marmeladen und Säften.

Salate/Gemüse	Eigenschaften
Feldsalat	Er stellt geringe Ansprüche an Standort und Boden und eignet sich als Schutz zwischen langsam wachsenden Gemüsesorten. Geerntet werden kann er über mehrere Wochen.
Pflücksalat	Dieser lässt sich breitwürfig aussäen, wächst schnell und gleichmäßig. Er eignet sich für sonnige bis halbschattige Bereiche im Beet, verträgt kein stauendes Wasser und zu viel Hitze. Als schnelle Frühkultur oder schmackhafte Zwischenkultur reduziert er die Ausbreitung von Wildkräutern und Gräsern.
Vogelmiere	Sie enthält reichlich Vitamine und Vitalstoffe und bevorzugt stickstoffreichen, sandigen Boden; genossen werden kann sie als Salat oder gedünstet.
Neuseeländer Spinat und Eiskraut (Mittagsblumengewächse)	Beide gedeihen an sonnigen und trockenen Orten, aber auch gut im Halbschatten eines Obstbaumes; sie können wie herkömmlicher Spinat roh und als Gemüse verwendet werden.
Kapuzinerkresse	Sie gedeiht besonders gut an sonnigen Standorten und auf kalkhaltigen, sandigen Böden und bildet schöne Blüten aus; sie lässt sich fast vollständig verzehren.

Kräuter	Eigenschaften
Waldmeister	Dieses Schattengewächs braucht wenig Wasser und humusreiche Erde; es eignet sich für die Zubereitung von Tees und als aromatische Zutat in Bowlen, Sirup und Eis.
Karibische Minze	Sie bevorzugt ein feuchtes Milieu und eignet sich für Tee sowie als Gewürz für die exotische Küche.

Beeren

Viele Beerenarten sind in ihrer ursprünglichen, nicht kultivierten Form Bodendecker. Sie bevorzugen meist halbschattige Standorte und ein eher saures Bodenmilieu. Gut gedeihen sie beispielsweise unter lichten Bäumen und Sträuchern.

Salate und Gemüse

Kleinblättrige Salatsorten wachsen meist schnell und bedecken dabei zügig eine größere Bodenfläche. Unter Tomatenstauden oder als Zwischenkultur ausgesät, bilden sie eine wirksame Abwehr gegen Unkraut.

Tees und Kräuter

Für Liebhaber von Kräutertees und frischen Küchenkräutern sind Bodendecker ebenfalls sehr interessant. Viele von ihnen verwandeln unansehnliche, tote Bereiche im Garten in ein duftendes Blütenmeer und stellen eine kostenlose Quelle frischer Küchenzutaten dar.

smarticular.net/bodendecker

Essbare Blüten im Garten

Häufig ist der Platz im Garten derart begrenzt, dass der Schwerpunkt entweder auf einem Zier- oder einem Nutzgarten liegt. Dabei musst du dich gar nicht entscheiden, ob du Essbares oder Schönes anpflanzen willst, denn viele Pflanzen bieten wunderschöne Blüten, die zugleich essbar sind! Mit den folgenden Pflanztipps gelingt es dir, du deinen Garten in einen schmackhaften Blütengarten zu verwandeln.

1. Magnolienblüten, zum Beispiel frittiert

Von März bis Mai trägt die Magnolie große, wunderschöne Blüten. Ihre Blütenblätter sind roh eher zäh, können aber hervorragend zu Desserts und Sirup verarbeitet oder getrocknet in Teemischungen verwendet werden. In ihrem Herkunftsgebiet Ostasien werden die Blüten im Teigmantel frittiert und als Dessert serviert.

2. Holunderblüten für Sirup und Pfannkuchen

Schwarzer Holunder, auch Holler oder Fliederbeerbusch genannt, macht sich vielfältig nützlich und sieht vor allem zur Blütezeit wunderschön aus.

Die weißen Blütendolden lassen sich zu leckerem Sirup oder Hollerküchlein verarbeiten. Sie sind auch in der Hausapotheke als Holunderblütentee gegen Fieber und Erkältungen hilfreich. Wildbienen lieben die süßen Blüten ebenfalls und nutzen abgeschnittene, markgefüllte Zweige gern zur Aufzucht ihres Nachwuchses.

3. Hibiskus für die fruchtige Note

Einige Arten des auch Eibisch genannten Hibiskus stehen häufig als Ziersträucher im Garten. Ihre essbaren Blüten sind auch als Zutat in Früchteteemischungen bekannt. Im asiatischen Ursprungsgebiet finden sie roh und auch gegart Verwendung in der Küche. Ihre säuerliche Note passt gut zu Erfrischungsgetränken oder Fischgerichten und schmeckt in fruchtigen Marmeladen.

4. Wildrosen für Sirup, Gelee und Salat

Dornige Wildrosen werden gern als Begrenzung zum Nachbargrundstück gepflanzt. Dabei bereichern ihre zarten rosafarbenen Blütenblätter auch Salate und können zu Rosenblütensirup und -gelee verarbeitet werden.

Statt die ganzen Blüten zu ernten, kannst du die Blütenblätter einzeln von den Blüten zupfen, sodass sich im Herbst die gesunden, Vitamin-C-reichen Hagebutten bilden können.

5. Kirschblüten für Pudding, Eis und Salate

Ein Kirschbaum im Garten erfreut im Frühjahr mit seiner Blütenpracht und im Sommer mit reichlich Früchten. Weil die Bäume sowieso meist viel mehr Blüten ausbilden, als später zu Früchten heranreifen können, ist es unschädlich, einen Teil der essbaren Blüten ernten. Sie verleihen mit ihrem süß-herben Aroma Pudding, Eis und Salaten eine besondere Note.

In Japan wird zur Zeit des Kirschblütenfestes *Hanami* Kirschblütentee oder, für den mitteleuropäischen Gaumen etwas gewöhnungsbedürftig, Reis mit gesalzenen Kirschblüten (Sakura Gohan) serviert. Dafür können auch die Blüten der japanischen Zierkirsche verwendet werden, die überreich blüht, aber nur kleine, wenig schmackhafte Früchte bildet.

Blüten von Apfel-, Pflaumen-, Aprikosenbäumen und anderen Obstbäumen können ebenfalls wie Kirschblüten zu Tee, Sirup, Salaten und Desserts verarbeitet werden.

6. Sonnenblumen – ein Komplettgenuss

Nicht nur die Kerne, auch Blütenboden und Blütenblätter der Sonnenblume sind essbar. Ihr Geschmack erinnert an Artischocken. Noch nicht ganz ausgereifte Blüten werden an der Vorderseite von den kleinen Korbblüten befreit und der Blütenboden geschält. Die Blätter des gelben Blütenkranzes verfeinern sommerliche Salate mit Vitaminen und Mineralstoffen, helfen als Tee gegen Infekte und stärken die Abwehrkräfte. Die jungen Stängel können ähnlich wie Spargel zubereitet werden.

7. Lindenblüten für Genuss und Wohlbefinden

Ein Sirup aus Lindenblüten bereichert Desserts und Getränke mit intensiv süßem, honigartigem Geschmack. Auch als Gelee in Kombination mit Apfel- oder Orangensaft ist die Blüte beliebt. Getrocknet und zu einem Tee aufgegossen, werden die Blüten dank ihrer schweißtreibenden, schleimlösenden und entzündungshemmenden Wirkung bei fiebrigen Erkältungen angewendet.

8. Zucchini- und Kürbisblüten für Füllungen

Die üppigen Blüten der Zucchini lassen sich zum Beispiel frittiert genießen, ohne auf die Zucchinifrucht verzichten zu müssen. Da die Pflanze sowohl männliche als auch weibliche Blüten bildet, solltest du allerdings nur die kleineren, männlichen Blüten verwenden. Es ist sinnvoll, mit dem Pflücken so lange zu warten, bis sichergestellt ist, dass ausreichend weibliche Blüten bestäubt sind und den Fruchtansatz zeigen. Du erkennst sie am kürzeren Blütenstiel und dem Fruchtknoten, aus dem sich die Zucchini entwickelt.

Auch die Blüten des mit der Zucchini verwandten Kürbis sind essbar. Da die meisten Kürbissorten den ganzen Sommer und Herbst über immer neue Früchte bilden, ist es sinnvoll, die meisten Blüten zu ernten und die Energie der Pflanze in nur wenige, dafür aber umso kräftigere Früchte zu leiten.

Hinweis: Kleinwüchsige Sonnenblumen sollten besser nicht verzehrt werden, da sie häufig mit Hormonen behandelt wurden, um das Wachstum zu hemmen. Grundsätzlich sollten nur Blüten unbehandelter Pflanzen in der Küche verwendet werden.

smarticular.net/essbare-blueten

Pflanzen natürlich stärken

In der Natur ist Dünger überflüssig, denn alles funktioniert in Kreisläufen. Was die einen Organismen loswerden, verarbeiten andere, um mit ihren Stoffwechselprodukten wieder anderen die notwendige Nährstoffgrundlage zu liefern. Während Wildpflanzen an dieses eher geringe und manchmal unstete Nährstoffangebot angepasst sind und entsprechend langsam wachsen oder bescheidene Früchte ausbilden, kommen Kulturpflanzen in der Regel nicht ohne zusätzliche Nährstoffzufuhr aus.

Obst- und Gemüsepflanzen benötigen auch im naturnahen Garten für kräftiges Wachstum ausreichend Nährstoffe. Dafür brauchst du aber nicht zu Mineraldünger aus dem Gartenmarkt zu greifen, denn fast alle benötigten Nährstoffe sind schon vorhanden – man muss sie nur zu nutzen wissen.

Viele Gärtner haben dieses Prinzip einfach „vergessen“ und machen sich so erstaunlich viel Arbeit. Ein Beispiel ist der Zierrasen, den mancher Hobbygärtner aufwendig pflegt: Er wird regelmäßig getrimmt und der Grasschnitt in der Biotonne entsorgt. Unerwünschte Pflanzen mit langen, flach wachsenden Trieben werden mit dem Vertikutierer entfernt. All diese Biomasse enthält Nährstoffe, die der Rasen während seines Wachstums dem Boden entzogen hat und die ihm nun fehlen. Damit der Boden nicht auslaugt und der Rasen gelb wird und eingeht, muss regelmäßig Rasendünger her!

Dieser Kreislauf aus Mähen und Düngen hat zwar einen schönen Rasen zum Ergebnis, ist aber alles andere als natürlich und auch sehr arbeitsintensiv. Zudem trägt diese Art des „naturfernen Gärtnerns“ zum Insektensterben bei, weil ein derart gezähmter Rasen keine Blühpflanzen enthält und nur wenig Lebensraum für Mikroorganismen bietet.

Diese unnatürliche Methode ist weitverbreitet: Hecken, Blühpflanzen, Obstbäume und der Gemüsegarten werden häufig genauso bearbeitet wie in der konventionellen Landwirtschaft. Es muss schnell gehen und effektiv sein, für Störenfriede wie „Unkraut“, Insekten & Co. ist kein Platz.

Wer sich stattdessen Prinzipien der Permakultur zunutze macht und in Kreisläufen denkt, statt ständig zu versuchen, die natürlichen Kreisläufe zu durchbrechen und die Natur zu beherrschen, erspart sich nicht nur eine Menge Arbeit, sondern wird auch mit aromatischen Früchten und einem summenden, brummenden Naturgarten belohnt.

Das funktioniert oft einfacher als gedacht. Die Ideen in diesem Kapitel zeigen, wie sich Küchen- und Gartenabfälle sinnvoll für die natürliche Düngung verwenden lassen, statt sie ungenutzt zu entsorgen.

In den Garten statt in die Mülltonne

Chemisch-synthetische Düngemittel haben zahlreiche Nachteile. Da ist zum einen die Gefahr einseitiger Überdüngung, zum anderen werden die Pflanzen zu sehr schnellem Wachstum angeregt. Hoher Nitratgehalt sowie ein ungünstiges Verhältnis von Vitaminen und Mineralstoffen gegenüber Kohlenhydraten sind die Folge. Außerdem wirkt sich synthetischer Dünger nachteilig auf die Bodenlebewesen und die gesamte Umwelt aus.

Allerdings ist es vollkommen unnötig, auf synthetische Dünger zurückzugreifen. Im normalen Alltag fallen viele Abfallprodukte an, die fantastisch als Dünger wiederverwendet werden können!

1. Kaffeesatz

Kaffee enthält wichtige Nährstoffe wie Stickstoff, Kalium und Phosphor. Sein pH-Wert ist mit 6,4–6,8 nur leicht sauer und deshalb für die meisten Pflanzen und Böden geeignet. Er zieht Regenwürmer an, die die Erde rund um deine Pflanzen gesünder machen. Es empfiehlt sich, frischen Kaffeesatz direkt unter den Pflanzen zu verteilen und eventuell leicht einzuharken.

2. Tee

Auch gebrauchter Tee muss nicht kompostiert werden, um als Dünger zu wirken. Gebrauchte Teebeutel einfach in die Gießkanne für Topfpflanzen hängen und etwas ziehen lassen. Alternativ können die gebrauchten Teeblätter direkt unter die Erde gemischt werden. Die Wirkung ist ähnlich wie bei Kaffeesatz.

3. Eierschalen

Die Schalen von Eiern enthalten reichlich Kalziumkarbonat, das für viele Pflanzen wertvoll ist, insbesondere für Bohnen und Erbsen. Allerdings solltest du den Kalkgehalt des Bodens und des Gießwassers berücksichtigen. Wenn das Leitungswasser deiner Gegend sehr kalkhaltig ist, dann ist eine zusätzliche Düngung mit Eierschalen nicht notwendig.

Zur Anwendung zerkleinere die Schalen und gib sie in das Gießwasser, oder mische sie direkt unter die Erde. Je feiner die Schalen zerkleinert werden, desto schneller können die Nährstoffe von den Pflanzen aufgenommen werden.

4. Kartoffelwasser

Wenn du Kartoffeln ohne Salz kochst, kannst du das Kochwasser als Dünger für den Garten verwenden. Es liefert deinen Pflanzen vor allem Kalium.

5. Bananenschalen

Die Schalen von Bananen enthalten ebenfalls reichlich Mineralstoffe. Gib die Schalen in eine Gießkanne und lass sie für ein paar Stunden darin ziehen. So lösen sich die wertvollen Mineralien aus der Schale.

6. Rhabarberblätter

Rhabarberblätter sind zwar nicht genießbar, dafür enthalten sie viel Kalium. Wenn die Blätter und Stiele deiner Pflanzen vergilben oder schlapp werden, ist oft Kaliummangel die Ursache. Im Frühjahr oder Herbst ist dann eine Düngung

mit Kalium sinnvoll. Setze hierzu eine Brühe oder einen Sud mit Rhabarberblättern an und verwende ihn als Flüssigdünger, ähnlich wie Brennnesseljauche (siehe Seite 104).

▶ Über den Komposthaufen hinaus

Ein Komposthaufen ist idealer Lieferant nährstoffreichen Düngers. Allerdings benötigt das Zersetzen viel Zeit. Schneller und vielseitiger lässt sich nutzbarer Dünger aus Pflanzen- und Speiseresten mit dem japanischen Bokashi-Eimer (siehe Seite 111) oder einer Wurmbox (siehe Seite 105) gewinnen.

smarticular.net/abfall-duenger

Holzasche als wertvollen Kaliumdünger nutzen

Obwohl in Holzasche reichlich wertvolle Mineralien enthalten sind, gehört sie nicht in den Biomüll, sondern in den Restmüll. Grund für diese Regelung sind giftige Schwermetalle, die im Holz enthalten sein können. Wenn du jedoch einige Kriterien berücksichtigst, kannst du einen hochwertigen Dünger aus Asche herstellen.

▶ Brennmaterial für Aschedünger

Grundsätzlich geeignet sind alle naturbelassenen Holzarten, sowohl von Laub- als auch von Nadelbäumen. Um giftige Schwermetalle auszuschließen, ist es am besten, nur die Asche solchen Holzes zu verwenden, dessen Herkunft du genau kennst.

Ungeeignet sind generell:

- Grillkohle und Briketts, da sie meist toxische Schwermetalle wie Chrom, Blei und schädigende Phosphate enthalten
- lackiertes oder anderweitig oberflächenbehandeltes oder imprägniertes Holz und Holzmöbel
- Holz von Bäumen, die an stark befahrenen Straßen standen
- Junges Holz ist grundsätzlich weniger belastet, da Bäume Schwermetalle nicht ausscheiden, sondern im Holz anreichern.

▶ Anwendung des Holzaschedüngers

Holzasche ist reich an Kalzium und enthält zusätzlich Magnesium und Kalium sowie weitere wichtige Spurenelemente. Da leichte Sandböden den hohen Kalkgehalt schlecht puffern können, ist Holzaschedünger eher für tonige, lehmige Böden geeignet. Die feine Asche löst sich schnell in der Erde auf und sollte deshalb sparsam angewendet werden. Auf einen Quadratmeter werden nicht mehr als 30 Gramm beziehungsweise 300 Milliliter lockerer Holzasche verteilt.

So bringst du die Holzasche aus:

- **Direktaustrag:** Eine gezielte, intensive Düngung lässt sich direkt im Beet vornehmen. Beachte dabei eine maximale Menge von 300 Millilitern oder ungefähr einer Tasse loser Asche pro Quadratmeter. Diese Methode eignet sich besonders bei einer großflächigen Neuansaat.
- **Im Gießwasser:** Anstatt die Asche auszustreuen, kannst du sie auch ins Gießwasser einrühren und auf den zu düngenden Flächen verteilen. Achte darauf, dass die Gießkanne laugenbeständig ist.

- **Kompost:** Du kannst die Komposterde gelegentlich mit einer dünnen Schicht Holzasche zwischen den einzelnen Lagen anreichern. Wenn im Winter mehr Asche als pflanzliche Beigaben für den Kompost anfällt, dann sammle sie in einem Vorratsbehälter aus verzinktem Stahlblech.
- **Mischung:** Sollen nur kleine Flächen oder Pflanzkübel gedüngt werden, empfiehlt es sich, wenig Asche zuvor mit Erde zu mischen, um eine schädliche Überdosierung zu vermeiden.

▶ Der Nutzen von Kalium- und Kalziumkarbonat

Aschedünger ist basisch und deshalb vor allem für saure Böden zu empfehlen sowie für Pflanzen, die einen basischen Boden bevorzugen. Saubere Holzasche enthält Nährstoffe, die denen der gekauften Düngemittel weitgehend entsprechen. In ihr stecken unter anderem Zink, Kalk (Kalziumkarbonat, $CaCO_3$) und Kalium (Kaliumkarbonat, K_2CO_3), die stark basisch wirken, den Boden entsäuern und ihn auflockern. Bei den dadurch verbesserten Bodenstrukturen können sich Wurzeln tiefer ausbreiten und erhalten Zugang zu weiteren Bodennährstoffen. So werden die Pflanzen widerstandsfähiger gegen Schädlinge und Pilze wie zum Beispiel Läuse und Pflanzenrost.

Folgende Pflanzen leiden häufig unter Kaliummangel oder gedeihen nicht auf saurem Boden. Sie sind daher für eine Extraportion Kalium dankbar:

- Gemüse wie Tomaten, Kartoffeln, Sellerie, Zwiebeln, Karotten, Rosenkohl und Lauch

- Sträucher und Hecken
- Rosen, Fuchsien, Geranien und viele blühende Stauden
- Obstbäume und Beeren wie Stachelbeeren, Himbeeren und Weintrauben

Ungünstig wirkt sich Kalium dagegen bei Pflanzen aus, die sauren Boden bevorzugen. Dazu gehören zum Beispiel Narzissen, Azaleen, Rhododendron, Fleißiges Lieschen, Orchideen, Pfingstrosen, Palmen und Rosskastanien.

Eine Aschedüngung ist auch bei solchen Pflanzen sinnvoll, die häufig unter Rostbefall oder Schädlingen leiden. Folgende Pflanzen sind dafür bekannt:

- Birnen- und Pflaumenbäume
- Erbsen
- Nelken, Fuchsien, Malven, Margeriten und Rosen

smarticular.net/holzasche-duenger

Rasenschnitt weiterverwerten statt wegwerfen

Vermeintlichen Gartenabfall wie Rasenschnitt kannst du direkt im Garten sinnvoll verwerten, statt die darin enthaltenen Nährstoffe über die Biotonne aus dem natürlichen Kreislauf im Biogarten zu entfernen.

▶ Rasenschnitt als Gründüngung liegen lassen

Wenn du den Rasen regelmäßig mähst, empfiehlt es sich, den Rasenschnitt als natürlichen Dünger einfach liegen zu lassen. Dadurch werden die darin gespeicherten Nährstoffe unmittelbar vor Ort von Mikroorganismen verarbeitet und gelangen wieder in den Boden, der auf diese Weise davor bewahrt wird auszulaugen. Kurze Grasschnipsel trocknen und zersetzen sich schnell, ohne eine schädliche, kompakte Schicht auf dem Rasen zu bilden. Die meisten Rasenmäher verfügen über eine entsprechende Mulchfunktion.

▶ Als Mulchschicht für Beete und Hecken

Nicht nur der Rasen, auch Gemüsebeete und Hecken profitieren von den Nährstoffen im Rasenschnitt. Dazu einfach das abgeschnittene Grün in einer dünnen Schicht auf den Beeten verteilen. Hierbei ist es wichtig, dass das Gras gut verteilt wird und trocknen kann, um Schimmel und Fäulnisbildung zu vermeiden. Nach einigen Tagen kann das getrocknete Gras untergearbeitet oder auch als Mulchschicht auf dem Beet belassen werden. Sie trägt ähnlich wie Bodendecker dazu bei, den Wildwuchs unwillkommener Beikräuter auf natürliche Weise einzudämmen.

▶ Grünschnitt kompostieren

Wenn du über eine große Rasenfläche und damit über viel Schnittgut verfügst, ist es sinnvoll, einen Teil davon zu kompostieren. Grünschnitt sollte jedoch nie allein auf den Kompost gegeben werden. Denn dann bildet er schnell eine kompakte Schicht, die schlecht verrottet und zu Schimmel und Fäulnis neigt.

Frisch gemähtes Gras kannst du im Verhältnis 1:1 mit gröberem Material mischen, bevor du es auf den Kompost gibst – zum Beispiel mit Blättern, dünnen Zweigen oder gehäckselten Ästen. Alternativ empfiehlt es sich, abwechselnd eine dünne Schicht Rasenschnitt und eine Schicht Strauchschnitt oder andere Grünabfälle auf den Kompost zu geben. Die Kompostierung wird zusätzlich unterstützt, wenn du den Kompost feucht hältst und ihn gelegentlich umschichtest.

▶ Als Füllmaterial fürs Hochbeet

Auch ein neues Hochbeet (siehe Seite 18) lässt sich mit Rasenschnitt füllen. Er gehört zusammen mit leichtem Kompost und Laubabfällen in die Schicht unterhalb der Pflanzerde.

▶ Herstellung einer Jauche

Rasenschnitt ist wie Brennnesseln (siehe Seite 104) ein wertvoller Stickstofflieferant und kann auch als Grundlage für einen selbst gemachten Flüssigdünger dienen. Als Faustregel gilt, ein Kilo frische Pflanzenreste auf zehn Liter Wasser für circa 14 Tage locker abgedeckt an einem warmen Ort stehen zu lassen und während des Gärvorgangs mehrmals täglich umzurühren.

smarticular.net/rasenschnitt

Superdünger aus Brennnesseln oder Ringelblumen

Brennnesseljauche ist eines der natürlichsten und wirksamsten Düngemittel im natürlichen Garten. Sie ist rein biologisch, enthält leicht zugängliche Pflanzennährstoffe, und du kannst sie kostenlos selbst herstellen. Die Anleitung zur Herstellung einer Pflanzenjauche findest du auf Seite 115).

▶ Anwendung der Brennnesseljauche

Dünger aus Brennnesseln ist für stark zehrende Pflanzen geeignet. Möhren, Kräuter, Erbsen und Bohnen mögen dagegen keine Jauche.

Verwende den flüssigen Dünger im Gießwasser in einer Verdünnung von etwa 1:20 und gieße damit die Wurzeln, nicht die Blätter. Ältere Pflanzen vertragen einen höheren Jaucheanteil von etwa 1:10.

▶ Ringelblumenjauche als Alternative

Auf die gleiche Weise lässt sich Ringelblumenjauche aus Blättern und Blüten der Ringelblume herstellen, die genauso wie Brennnesseljauche verwendbar ist. Ringelblumenjauche eignet sich außerdem, um Schädlinge ökologisch zu bekämpfen und Kräuter und Gemüse zu stärken, insbesondere Tomaten und Kohl. Sie wird zu diesem Zweck unverdünnt mit einer Sprühflasche aufgetragen.

🌐 smarticular.net/brennnessel-duenger

Die Wurmbox verwandelt Abfälle in Dünger

Mit einer Wurmbox lassen sich biologische Abfälle auf kleinstem Raum oder sogar in der Wohnung verwerten. Damit erhältst du gute, nährstoffreiche Bioerde für deine Pflanzen.

Gartenerde besteht neben anorganischen Mineralien auch aus organischem Humus. Je mehr Humus, desto fruchtbarer der Boden. Er entsteht durch Kleinstlebewesen und Insekten wie zum Beispiel Springschwänze, Bakterien, Pilze und insbesondere Regenwürmer, die organische Abfälle zersetzen. In einer speziellen Wurmbox verwandeln sie deine organischen Abfälle in Humus.

▶ Worauf es bei der Wurmbox ankommt

Es gibt fertige Boxen in verschiedenen Größen, zum Beispiel 40 × 40 × 60 Zentimeter. Du kannst deine eigene Box aber auch leicht selbst bauen (siehe Seite 107).

Besonders praktisch sind mehrstöckige Wurmfarmen, denn sie enthalten meist mehrere leicht entnehmbare Schichten. Oben werden Bioabfälle hinzugegeben, die von den Würmern verarbeitet werden. Unten sammelt sich der Humus, und die Würmer wandern im Laufe der Zeit in obere Schichten.

Die Boxen verfügen außerdem über einen Wasserablass, über den du überschüssige Flüssigkeit regelmäßig entnehmen solltest. Dieser Sickersaft oder Wurmtee ist bereits ein hervorragender Dünger. Indem du die Flüssigkeit abnimmst, ver-

hinderst du außerdem, dass die Regenwürmer die Wurmbox verlassen. Die Erde sollte feucht sein, jedoch nicht zu nass, sonst ergreifen sie die Flucht.

Am Aufstellort ist eine relativ konstante Temperatur wichtig. Regenwürmer fühlen sich bei Temperaturen um die 20 °C am wohlsten und sind bei 20 bis 25 °C am aktivsten. Zu kalte oder zu heiße Temperaturen sollten unbedingt vermieden werden. Der Balkon ist deshalb nur bedingt als Standort geeignet. Bessere Alternativen sind ein schattiges Plätzchen im Innenhof oder Garten, der Keller oder ein Abstellraum.

Eine gut funktionierende Wurmbox verströmt keine unangenehmen Gerüche, im Gegenteil: Sie riecht wunderbar nach frischer Erde. Regelmäßige Kontrolle und mäßiges Füttern sind zwar wichtig, doch du kannst auch verreisen, ohne dass die Würmer Schaden nehmen würden.

▶ Die richtigen Regenwürmer

Geeignete Kompostwürmer gibt es zum Beispiel im Versandhandel. Besser ist es jedoch, einen Wurmbox-Besitzer im Bekanntenkreis oder in der Nachbarschaft zu finden, der dir sicher gern ein kleines Wurmvolk für den Anfang abgibt.

Ein Kilogramm Würmer (das sind zwischen 1300 und 1500 Würmer) zersetzt ungefähr ein halbes Kilo Bioabfall am Tag. Wenn der Lebensraum es zulässt, vermehren sie sich schnell, daher reicht es, mit einer kleineren Anzahl Würmer zu beginnen.

▶ Würmer füttern und pflegen

Regenwürmer fressen organische Stoffe, die sie in und auf der Erde finden. Dazu zählen alle leicht verrottbaren pflanzlichen Garten- und Küchenabfälle. Bei der Verdauung entstehen all die wertvollen Stoffe, die unsere Pflanzen für ein gutes und gesundes Wachstum benötigen.

Gekochte Speisen mögen die Tierchen nicht. Um manche Abfälle wie zum Beispiel Zitrusschalen machen sie lieber einen Bogen – daran erkennst du schnell, was sie mögen und was eher im Biomüll entsorgt werden sollte. Es ist besser, zu wenig zu füttern als zu viel. So verhinderst du Schimmelbildung, wenn deine Würmer mit der Arbeit nicht hinterherkommen.

▶ Humus ernten

Die Würmer wandern in den Etagen immer zum Futter hin. Fertiges Substrat, das kein Futter mehr enthält, ist so gut wie wurmfrei. Im Wurmkomposter mit Etagen werden die Abfälle immer oben nachgefüllt, ähnlich wie bei einem Komposthaufen im Garten. Dort finden sich die Würmer auch in den oberen Schichten und setzen diese um.

Zur Ernte des Wurmhumus nimm die oberen Etagen ab, um an die unterste zu gelangen. Dort sollten nur noch wenige Würmer oder Wurmeier zu finden sein. Mit einer Harke wird die Erde vorsichtig aufgelockert und einzelne Würmer und Eier zurück in den Komposter gesetzt. Leere Etagen werden einfach wieder oben aufgesetzt. Mische den fertigen Wurmhumus am besten mit Erde.

Oft reicht es, fünf bis zehn Prozent Wurmhumus zur normalen Gartenerde zu geben, damit Blumen länger blühen und Kulturpflanzen höhere Erträge liefern.

smarticular.net/wurmbox

Wurmkiste selber bauen

Eine Wurmkiste funktioniert wie eine Wurmbox, nur dass die Ebenen nicht übereinander, sondern nebeneinander angeordnet sind. Im Handel sind fertige Wurmkisten erhältlich, die sich sogar als Sitzgelegenheit eignen. Allerdings ist eine gut gebaute Behausung relativ teuer. Preiswerter und individueller ist es, eine stabile Kiste mit passenden Maßen selber zu bauen.

Für eine Kiste mit den Maßen 80 cm × 40 cm × 44 cm (B × T × H) sind folgende Materialien notwendig:

- 4 Holzplatten (80 cm × 40 cm × 1,8 cm) für Boden, Deckel, Front- und Rückseite
- 2 Holzplatten (36,4 cm × 40 cm × 1,8 cm) für die linke und rechte Seite
- 4 Leisten (40 cm × 3 cm × 3 cm) zur Stabilisierung der Kiste von innen
- 2 Leisten (40 cm × 3 cm × 3 cm) für die langen Seiten des Trenngitters
- 2 Leisten (30,4 cm × 3 cm × 3 cm) für die kurzen Seiten des Trenngitters
- 2 Möbelscharniere (1,8 cm × 7 cm) für die Deckelbefestigung
- circa 50 Holzschrauben (4,5 × 45 mm) mit Senkkopf zum Zusammenbauen der Kiste
- 8 Holzschrauben (4,5 × 20 mm) zur Befestigung der Scharniere
- Volierendraht mit Maschenweite 1 cm × 1 cm (39 cm × 35 cm) für das Trenngitter
- Tacker oder kleine Nägel zur Befestigung des Gitters

Alle sechs Seitenteile können aus zwei großen, unbehandelten Leimholzplatten mit den Standardmaßen 200 cm × 40 cm × 1,8 cm im Baumarkt zugeschnitten werden. Natürlich kannst du die Kiste größer oder kleiner bauen oder einzelne Latten anstelle der Platten verwenden.

Dieses Werkzeug brauchst du:

- Bohrmaschine und Holzbohrer (4 mm)
- Schraubenzieher oder Akkuschrauber
- Tacker

▶ Bauanleitung für deine eigene Wurmkiste

In den folgenden Schritten entsteht die Kiste. Alle Löcher sollten in den äußeren Platten etwa zwei Zentimeter tief vorgebohrt werden, damit das Holz nicht splittert.

1. Als Erstes die Rückwand auf die Bodenplatte stellen und mit drei Senkkopfschrauben von unten verschrauben (das Ganze zum Bohren und Schrauben auf die Seite legen).
2. Die beiden Seitenplatten links und rechts mit je zwei Schrauben von unten und von der Seite befestigen.
3. Die Frontplatte von unten und von vorn bohren und festschrauben.
4. Vier der 40 Zentimeter langen Leisten zur Stabilisierung innen in den Ecken der Kiste festschrauben. Jeweils sechs Schrauben pro Leiste verwenden und an beiden Platten leicht versetzt befestigen.
5. Aus den vier verbleibenden Leisten mit vier Schrauben einen Rahmen für das Trenngitter zusammenbauen.
6. Den Volierendraht auf einer Seite des Rahmens festtackern.
7. Die Wurmkiste mit dem Trenngitter mittig unterteilen und von außen mit je zwei Schrauben an Vorder- und Rückseite befestigen.
8. Die Deckelplatte auf die Kiste legen und mit den beiden Scharnieren mit je vier der kürzeren Holzschrauben befestigen. Dafür ist kein Vorbohren erforderlich.

Nun ist die Kiste fertig für den Erstbezug! Damit der Deckel hinten nicht überhängt, ist es empfehlenswert, eine kleine Kette oder ein Bändchen anzubringen.

▶ Ersteinrichtung der Kiste und Einzug der Würmer

Reiße mehrere Lagen Zeitungspapier, unbedruckte Wellpappe und Ähnliches in Streifen. Weiche sie in Wasser ein und drücke überschüssige Flüssigkeit aus. Bedecke den Boden eines Faches, indem du das Material ein paar Zentimeter hoch locker hineinschichtest.

Die Würmer verkriechen sich gerne in den Wellen der Pappe oder zwischen den Zeitungsschichten und legen dort ihre Eier ab. Auch ein Lochziegel mit vertikal ausgerichteten Löchern am Boden der Kiste ist vorteilhaft, jedoch nicht unbedingt notwendig.

Nun kannst du die Würmer samt Substrat in der vorbereiteten Hälfte deiner Kiste freilassen. Gib nach Möglichkeit ein bisschen Kompost oder gehaltvolle Gartenerde in die Kiste, damit sich die Würmer wohlfühlen. Als erste Mahlzeit dient eine kleine Menge Küchenabfälle, die du darauf verteilst. Um die Zersetzung möglichst schnell in Gang zu bringen, ist es empfehlenswert, das Futter in den ersten Wochen stärker zu zerkleinern. Decke die Oberfläche mit feuchtem Küchen- oder Zeitungspapier ab, um Fruchtfliegen fernzuhalten und den Würmern ein dunkles und feuchtes Zuhause zu schaffen.

▶ Fütterung und Pflege

Die Würmer werden genauso wie in einer Wurmbox gefüttert und gepflegt (siehe Seite 105). Da die Kiste aus Holz besteht, ist sie bis zu einem gewissen Grad atmungsaktiv. Sie kommt ohne Ablassventil aus, das bei einer Wurmbox aus Plastik die unterste Ebene entwässert. Achte jedoch darauf, dass das Substrat in der Kiste nicht zu nass wird, da die Würmer sonst ertrinken. Zu viel Feuchtigkeit lässt sich mit Zeitungspapier, Wellpappe oder trockenem Grünschnitt aufnehmen. Ist das Substrat zu trocken, hilft einfaches Gießen.

Sobald das erste Fach der Wurmkiste voll ist, wird auf der anderen Seite weitergefüttert. Der Boden wird wie beim Einzug der Würmer mit Wellpappe, Zeitungspapier und optional einem Lochziegel befüllt, bevor die erste Wurmnahrung darauf gegeben wird. Alle Küchenabfälle kommen ab jetzt in das neue Fach. Die andere Seite trocknet nach und nach aus. Um die Trocknung und den Umzug der Würmer zu beschleunigen, empfiehlt es sich, den Humus alle paar

Tage zu wenden. Die Würmer wandern auf der Suche nach Futter nach und nach zur anderen Seite. Wenn der Humus so trocken ist, dass er krümelt, ist er reif für die Verwendung.

▶ Überwinterung

Weil Regenwürmer keinen Frost vertragen, muss die Kiste im Haus überwintern, zum Beispiel in einem kühlen Kellerraum, in der Küche oder auf dem Flur.

▶ Bezugsquellen für Kompostwürmer

Kompostwürmer gehören zur Gattung *Eisenia foetida* und sind keine gewöhnlichen Regenwürmer. Frag doch mal in deiner Nachbarschaft oder deinem Freundeskreis herum, ob dir ein Wurmkistenbesitzer einige seiner Tiere abgeben kann. Alternativ bieten sich Gemeinschaftsgärten, ein Kleingartenverein oder das Internet als Bezugsquelle an. Auch unser smarticular-Leserforum ist eine sehr gute Adresse zum Tauschen und Teilen. Viel Erfolg bei der Adoption!

🌐 smarticular.net/wurmkiste

Kompostieren mit dem Bokashi-Eimer

Eine ungewöhnliche Kompostalternative aus Japan ist der Bokashi-Eimer, auch Küchenkomposter genannt. Mit ihm gelingt es dir sogar in deiner Wohnung, die organischen Abfälle zu hervorragendem Dünger verarbeiten. Im Bokashi-Eimer sammelst du alle organischen Abfälle. Auch Speisereste einschließlich Fleisch und Fisch werden in ihm problemlos verarbeitet.

Anders als im Komposthaufen findet im Bokashi keine Verrottung statt, sondern eine Fermentation in sauerstoffarmer Umgebung. Damit die Fermentation in Gang kommt, sind spezielle Mikroorganismen in Pulverform erforderlich. Sie beschleunigen den Zersetzungsprozess und sorgen gleichzeitig dafür, dass unangenehme Gerüche vermieden werden. Nur beim Öffnen des Eimers entweicht ein leicht säuerlicher Geruch. Das Fermentieren findet sehr viel schneller statt als beim traditionellen Kompostieren.

Am Bokashi-Eimer befindet sich unten ein Zapfhahn, mit dem die angesammelte Flüssigkeit regelmäßig abgelassen wird. Diese Flüssigkeit ist sehr mineralstoffhaltig und eignet sich verdünnt hervorragend als Dünger für Zimmerpflanzen.

BOSCH
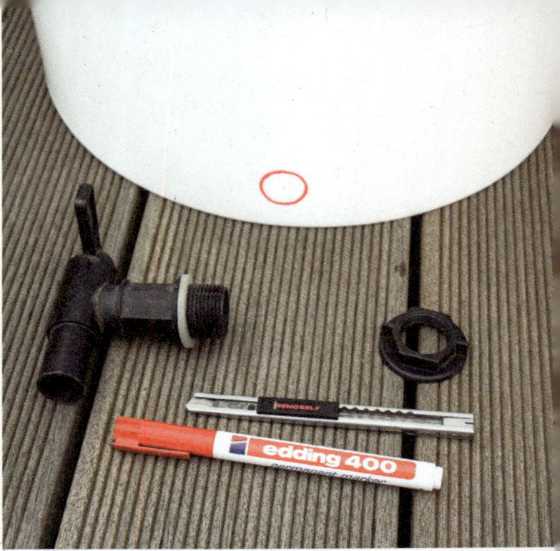
edding 400
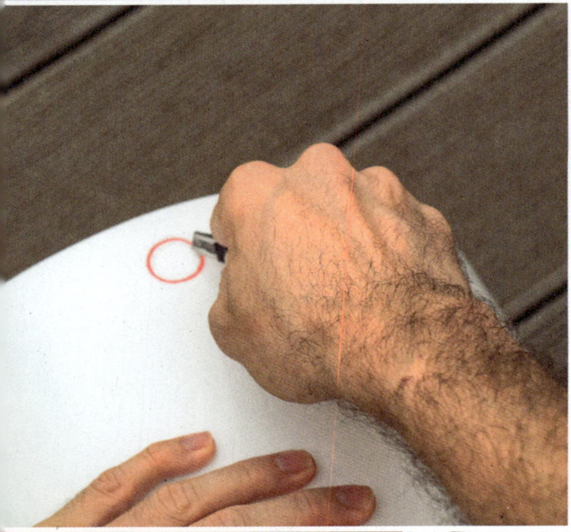

BOSCH

BOSCH

Nach zwei bis drei Wochen sind die organischen Abfälle im Eimer fermentiert. Das Ergebnis nennt sich Bokashi und ist ein sehr mineralstoffhaltiges Substrat, eine Vorstufe von Komposterde. Um daraus verwendbaren Kompost zu erhalten, wird das Bokashi-Ferment mit Pflanzerde gemischt; man lässt es für ein paar Tage ruhen. Im Garten kann man es einfach in der Erde vergraben bzw. darin einarbeiten und nach einiger Zeit die mit Nährstoffen angereicherte Erde wieder ausgraben.

Bokashi-Eimer selbst bauen

Ein kleiner Bokashi-Eimer kostet zwischen 50 und 80 Euro. Du kannst ihn aber auch mit wenigen Mitteln und Handgriffen selbst herstellen.

Für einen Bokashi-Eimer benötigst du:

- 2 gleich große Eimer mit einem luftdichten Deckel
- Auslaufhahn (zum Beispiel für Regentonnen)
- Dichtmaterial (zum Beispiel Isolierband)
- Bohrmaschine
- Messer
- Stift

Die Menge des benötigten Dichtmaterials richtet sich nach dem Platz zwischen den Eimerböden, wenn sie ineinandergestapelt sind, und nach der Hahngröße.

▶ Vorgehensweise zum Bau des Bokashi-Eimers

Der Zusammenbau beansprucht etwa 30–60 Minuten. So wird's gemacht:

1. In den Boden des inneren Eimers 20 bis 30 Löcher mit einem Durchmesser von jeweils zwei bis drei Millimetern bohren. Durch diese entweicht später die fermentierte Flüssigkeit.

2. Beim äußeren Eimer anzeichnen, wo der Hahn angesetzt wird. Er sollte sich möglichst weit unten befinden.

3. An dieser Stelle vorsichtig ein Loch schneiden, in das der Hahn passt.

4. Den Hahn direkt anbringen, wenn er über eine eigene Dichtung verfügt. Ansonsten mit Dichtmasse aus dem Baumarkt abdichten.

5. Den inneren Eimer im oberen Drittel mit Isolierband umwickeln, damit er luftdicht mit dem äußeren Eimer abschließt. Zum Testen beide Eimer ineinanderstellen, um festzustellen, wie viele Lagen Dichtungsband nötig sind, um sie luftdicht und passgenau ineinanderzustapeln. Wenn die Lücke geschlossen ist, bist du fertig.

Wenn du Abfälle in den Bokashi-Eimer gibst, solltest du immer eine Schicht Mikroben hinzufügen. Wenn bereits fertige Fermentationsflüssigkeit vorhanden ist, lässt sie sich sie ebenfalls verwenden, um neue Abfälle mit Mikroorganismen zu „impfen“.

smarticular.net/bokashi-eimer

Pflanzen natürlich schützen

Viele Pflanzen enthalten ätherische Öle, Düfte sowie Bitter- und Gerbstoffe, die Fraßfeinden nicht schmecken oder die gegen Pflanzenkrankheiten wirken. Anders als synthetische Schädlingsbekämpfungsmittel belasten selbst hergestellte Pflanzenauszüge und natürliche Hausmittel die damit behandelten Pflanzen, Früchte und die Umwelt nicht. Zudem ist es sehr einfach, effektiv und seit Generationen erprobt, die Mittel herzustellen. Mach dir die natürlichen Abwehrkräfte zunutze und stelle bei Bedarf selbst ein Pflanzenschutzmittel her, statt Produkte aus dem Gartenmarkt zu verwenden, die teilweise mehr schaden als nutzen.

Darüber hinaus dienen zahlreiche Pflanzen und Tiere als Nützlinge: Sie helfen anderen Pflanzen, indem sie bestimmte Botenstoffe verströmen, die Entstehung von Krankheiten hemmen und Schädlinge fernhalten. In diesem Kapitel haben wir die bewährten Methoden zur Herstellung biologischer Spritzmittel gegen zahlreiche typische Probleme im Biogarten zusammengestellt, gefolgt von den besten Rezepten und Tipps gegen Pflanzenkrankheiten und Schädlinge sowie zur Ansiedlung diverser Nützlinge im Garten.

Biopflanzenschutzmittel

Pflanzenauszüge gewinnen: vier Methoden

Bei selbst hergestellten Pflanzenschutzmitteln unterscheidet man vier Zubereitungsarten: Jauche, Brühe, Auszug und Tee. Jauchen werden wie Brühen als Stärkungsmittel und als Mittel zur natürlichen Schädlingsbekämpfung verwendet. Tees und Kaltwasser-Auszüge wirken hauptsächlich gegen Schädlinge, wobei beim langsameren Kaltauszug mehr Wirkstoffe erhalten bleiben als beim Tee, da er nicht erhitzt wird.

▶ Jauchen-Grundrezept

Als Jauche wird das Ergebnis bezeichnet, das entsteht, wenn Pflanzenmaterial in Wasser vergoren wird. Dieses Pflanzen-Wasser-Gemisch wird bevorzugt als Dünger und Pflanzenstärkungsmittel hergestellt, kann aber auch für die Schädlingsabwehr verwendet werden. Dafür eignen sich unter anderem Wermut, Rainfarn, Brennnessel, Beinwell, Schachtelhalm und Löwenzahn.

Du brauchst:

10 L Wasser (am besten Regenwasser)

1 kg frisches Pflanzenmaterial

ausreichend großen Eimer mit Deckel zum Ansetzen

Steinmehl (optional, gegen Geruchsbildung)

So gehst du vor:

1. Das Pflanzenmaterial in grobe Stücke schneiden und mit dem Wasser in den Eimer geben.
2. An einem sonnigen Standort für zwei bis drei Wochen ziehen lassen. Wegen des zeitweise strengen Geruchs ist es empfehlenswert, einen Deckel oder ein Brett aufzulegen. Das Gefäß sollte aber nicht luftdicht verschlossen sein.

3. Täglich umrühren. Falls die Jauche unangenehm riecht, etwas Steinmehl darüberstreuen, um die Gerüche zu binden.

4. Die Jauche ist fertig, wenn sie sich bräunlich verfärbt hat und nicht mehr schäumt, was nach spätestens zwei bis drei Wochen der Fall ist.

5. Abseihen und restliche Pflanzenteile kompostieren.

6. Zur Anwendung im Verhältnis 1:10 verdünnen.

Durch die lange Stehzeit gehen mehr Mineralien ins Wasser über als bei einer Brühe. Jauchen werden bei trübem Wetter direkt auf den Boden im Wurzelbereich ausgebracht, ohne die Blätter zu benetzen.

▶ Grundrezept für eine Brühe

Eine Brühe wird vorbeugend gegen Schädlinge und Pflanzenkrankheiten eingesetzt, sie ist jedoch nur begrenzt haltbar. Dafür eignen sich Wermut, Rainfarn, Schachtelhalm, Löwenzahn, Kamille und Zwiebeln. Du benötigst die gleichen Zutaten wie bei einer Jauche, nur die Zubereitung unterscheidet sich.

So geht's:

1. Pflanzenteile und Wasser in einem großen Kochtopf ansetzen und 24 Stunden lang ziehen lassen.
2. Aufkochen und für 20 Minuten köcheln lassen.
3. Abkühlen lassen und abseihen.

Die Brühe wird im Verhältnis 1:10 verdünnt und im Wurzelbereich ausgebracht.

▶ Kaltwasser-Auszug

Anders als bei der Jauche findet bei der Herstellung eines Kaltauszuges keine Vergärung statt. Für einen kalten Pflanzenauszug werden Brennnesseln oder Tomatenblätter für einige Stunden in kaltem Wasser eingeweicht. Der Auszug ist besonders mild, er wird bei akutem Schädlingsbefall eingesetzt und unverdünnt oder im Verhältnis 1:1 mit Wasser gemischt direkt auf befallene Stellen aufgetragen.

▶ Tee-Aufguss

Die Teemethode ist die schnellste Variante gegen Schädlinge. Um den Tee herzustellen, die Pflanzenteile mit heißem Wasser übergießen und etwa 15 Minu-

ten lang ziehen lassen. Nach dem Abkühlen und Abseihen ist der Tee fertig und kann unverdünnt auf befallene Pflanzen aufgebracht werden, zum Beispiel mit einer Sprühflasche. Für die Teeherstellung eignen sich Wermut, Rainfarn, Schachtelhalm, Löwenzahn, Kamille und Zwiebeln.

▶ Selbst gemachte Spritzmittel ausbringen

Im Handel sind verschiedene Gartenspritzen und Drucksprühgeräte erhältlich, mit denen sich die Pflanzenschutzmittel gezielt ausbringen lassen. Für den Erfolg ist es wichtig, die Behandlung frühzeitig zu beginnen und die natürlichen Pflanzenschutzmittel regelmäßig anzuwenden.

Mittel gegen Mehltau

Mehltau ist erkennbar an einem mehlartigen Belag auf der Blattoberseite, der die befallenen Blätter allmählich braun werden und abfallen lässt. Die nachfolgend aufgeführten Mittel können sowohl vorbeugend als auch bei vorhandenem Befall mit Mehltau verwendet werden. Die Anwendung sollte mehrfach wiederholt werden, bei starkem Befall einmal täglich über mehrere Tage hinweg. Zur Vorbeugung können die Mittel von Frühjahr bis Sommer alle 14 Tage angewendet werden.

Mehltau behandeln mit Natron

Das universelle Hausmittel Natron hilft auch gegen Mehltau, Sternrußtau und Blattläuse. Gegen die Pilzerkrankungen wirkt eine einfache Grundmischung aus zwei Teelöffeln Natron und einem Liter Wasser. Nachdem stark betroffene Pflanzenteile entfernt wurden, wird die Pflanze mit dem Wasser-Natron-Gemisch besprüht, um eine weitere Ausbreitung der Erkrankung zu verhindern.

Mehltau behandeln mit Magermilch

Als Spritzmittel gegen Mehltau eignet sich fettarme Frischmilch oder Molke (keine H-Milch). Die Milch wird mit Wasser für die Spritzflasche verdünnt und vorbeugend einmal wöchentlich angewendet.

Dafür werden eine Tasse Molke und eine Tasse Wasser gemischt. Falls du Frischmilch verwendest, verdünne je eine Tasse Milch mit drei Tassen Wasser.

Mittel gegen Pflanzenrost (Falscher Mehltau)

Auch beim Pflanzenrost ist ein Pilz die Ursache, der sich anfangs auf der Blattunterseite befindet. Im Frühsommer zeigen sich stecknadelkopfgroße, gelborange Pusteln oder Ringe, die dann im Herbst braun werden. Auf der Oberseite entstehen gelbe bis rote Tupfen. Bei starkem Befall verliert die Pflanze ihre Blätter, und die Sporen überwintern in der Erde. Mit einsetzender Regenperiode beginnt der Pilz erneut, die Pflanzen zu schwächen.

Sowohl vorbeugend als auch bei akutem Befall helfen ein Sud aus Ackerschachtelhalm (siehe Seite 125), das Spritzmittel aus Schafgarbe (siehe Seite 126) oder die im Folgenden vorgestellte Farnbrühe.

▶ Pflanzenrost behandeln mit Farnbrühe

Eine Farnbrühe gegen Pflanzenrost gelingt mit Blättern von Adlerfarn oder Wurmfarn. Die kalihaltige Brühe stärkt die Pflanzen wie ein Dünger. Sie hilft zusätzlich gegen Schnecken.

Folgende Zutaten sind erforderlich:

100 g frische oder 10–20 g getrocknete Farnblätter

1 L Wasser

So wird die Brühe hergestellt:

1. Die grob zerteilten oder getrockneten Farnblätter mit Wasser in einen Topf geben, gut umrühren und alles für 24 Stunden zugedeckt ziehen lassen.
2. Den Inhalt für 15–30 Minuten sieden lassen, danach durch ein Sieb abgießen.
3. Die Pflanzenreste gut ausdrücken, so entsteht etwa ein Viertelliter Antipilzmittel.
4. Abkühlen lassen und unverdünnt als Spritzmittel anwenden.

Hinweis: Rosenrost ist sehr hartnäckig und lässt sich nur schwierig mit diesem Mittel komplett verbannen. Eventuell fehlt deinen Pflanzen Kalium. Dieser Mangel lässt sich durch eine Kaliumdüngung mittels Rhabarbersud (siehe Seite 123) beheben.

Mittel gegen Kraut- und Braunfäule

Eine weitere verbreitete Pilzerkrankung, vor allem bei Tomaten, ist die Kraut- und Braunfäule. Folgende Mittel dämmen den Befall ein oder verhindern ihn.

Wichtig: Entferne sofort alle Blätter und Früchte, die Symptome der Kraut- und Braunfäule zeigen, da der Pilz auch im Boden überwintern kann und im nächsten Jahr wieder auftritt. Sie gehören weder auf den Kompost noch in die Biotonne oder den Bokashi-Eimer, sondern in die Restmülltonne. Besser ist es allerdings, sie zu verbrennen.

Kraut- und Braunfäule behandeln mit Magermilch

Die Magermilch-Mischung von Seite 120 wirkt auch bei Kraut- und Braunfäule, wenn sie regelmäßig auf die betroffenen Pflanzen gesprüht wird.

Kraut- und Braunfäule behandeln mit Rhabarberblättern

Aus Rhabarberblättern lässt sich ein wirksames Spritzmittel gegen Kraut- und Braunfäule herstellen. Es dient zusätzlich als Kaliumdünger und stärkt die Pflanzen.

Für das Antipilzmittel werden gebraucht:

1 kg frische Rhabarberblätter

1 L Wasser

Und so stellst du den Auszug her:

1. Blätter in Streifen schneiden.
2. Mit kochendem Wasser übergießen und gut umrühren.
3. Den Ansatz für 24 Stunden ziehen lassen und anschließend absieben.

Abgefüllt in einer Spritzflasche, ist das Mittel unverdünnt bei starkem Befall verwendbar. Vorbeugend kannst du den Auszug auch im Verhältnis 1:5 verdünnen und einmal wöchentlich anwenden.

▶ Kraut- und Braunfäule behandeln und vorbeugen mit Zwiebelsud

Gegen die Pilzkrankheit haben sich auch Zwiebel oder Knoblauch bewährt.

Dazu benötigst du:

150 g Zwiebeln mit Schalen (mit Knoblauch funktioniert es ebenso)

2 L Wasser

Und so gehst du vor:

1. Zwiebeln mitsamt der Schale fein hacken und in einen Topf geben.
2. Kochendes Wasser darübergießen und diesen Ansatz zugedeckt mindestens 30 Minuten lang ziehen lassen. Anschließend durchsieben.
3. Nach dem Erkalten das Zwiebel-Spritzmittel unverdünnt in eine Sprühflasche füllen und die betroffenen Pflanzen damit behandeln. Bei Bedarf wiederholen.

Mit zehn Teilen Wasser verdünnt, lässt sich dieses Spritzmittel auch vorbeugend anwenden. Ab dem Blattaustrieb wird es alle 14 Tage auf Boden und Blätter gesprüht.

Mittel gegen Sternrußtau

Der Sternrußtau wird ebenfalls durch einen Pilz verursacht und tritt zuerst auf den Blättern auf, die bei einem Befall gelbe und schwarze unförmige Flecken bekommen. Die Pflanze verliert rasch ihre Blätter. Mit einem Spritzmittel aus Ackerschachtelhalm (siehe Seite 125), Natron (siehe Seite 120) oder dem Zwiebelsud oben kannst du sie behandeln und vorbeugend unterstützen. Der Zwiebelsud muss hierfür mit fünf Teilen Wasser verdünnt werden und darf nicht gespritzt, sondern nur gegossen werden.

Allgemeine Maßnahmen bei Pilzkrankheiten

Entferne betroffene Blätter sofort über die Restmülltonne. Desinfiziere vorsorglich die verwendete Gartenschere und andere Gartengeräte mit kochendem Wasser oder Alkohol, um eine weitere Ausbreitung des Pilzes zu vermeiden.

Pflanzenkrankheiten vorbeugen mit Ackerschachtelhalm

Die im Ackerschachtelhalm enthaltene Kieselsäure dient den Pflanzen als Stärkungsmittel, das auch gegen Pflanzenrost wirkt. Kieselsäure festigt und härtet die Pflanzenzellen und macht sie so für Schädlinge und Krankheiten weniger anfällig. Die Pflanzenteile des Ackerschachtelhalms lassen sich bis Ende Juli pflücken und trocknen. Später im Jahr enthält die Pflanze nur noch wenig Kieselsäure.

Du benötigst für einen Kaltauszug:

300 g frischen oder 30 g getrockneten Ackerschachtelhalm

2 L Wasser

So wird der Ackerschachtelhalm verarbeitet:

1. Pflanzenteile und Wasser in einem Topf vermischen und 24 Stunden lang ziehen lassen.
2. Anschließend auf niedriger Stufe 30 Minuten köcheln lassen.
3. Sobald der Sud abgekühlt ist, die festen Bestandteile absieben und den Aufguss mit fünf Teilen Wasser verdünnen.
4. In eine Sprühflasche füllen und anwenden.

Der Auszug wirkt auch bei Schorf, Grauschimmel, Kraut- und Braunfäule sowie bei Milbenbefall.

▶ Pflanzen stärken und Erkrankungen vorbeugen mit Schafgarbe

Schafgarbe kann sowohl als Dünger als auch als Spritzmittel verwendet werden. Sie eignet sich wie der Ackerschachtelhalm für einen Kaltwasserauszug. Die Schafgarbe hat einen hohen Anteil an Kieselsäure und Kalium, die das Zellgewebe stärken.

Für dieses Mittel werden am besten nur die Blüten verwendet, denn sie enthalten zusätzlich ätherische Öle mit keimhemmender Wirkung. Du kannst sie von Juni bis September pflücken und zur Lagerung trocknen.

Zur Herstellung des Spritzmittels brauchst du:

20 g getrocknete Schafgarbenblüten

1 L Wasser

So setzt du das Spritzmittel an:

1. Getrocknete Schafgarbenblüten und Wasser in ein Gefäß geben und 24 Stunden lang ziehen lassen.
2. Anschließend den Auszug absieben.
3. Den Pflanzenrest gut auspressen.

Die aufgefangene Flüssigkeit wird mit neun Teilen Wasser verdünnt und nach Bedarf angewendet. Das Spritzmittel hilft auch gegen Pflanzenrost, Monilia und Kräuselkrankheit.

Pflanzen stärken mit Beinwell

Beinwell macht in Form einer Jauche (siehe Seite 104) deine Pflanzen widerstandsfähiger. Insbesondere Tomaten, Kartoffeln, Gurken, Auberginen, Zucchini und Paprika profitieren von dieser kaliumhaltigen Pflanze.

smarticular.net/bio-pflanzenschutz

Schädlinge natürlich fernhalten

Diese Pflanzen helfen einander gegen Schädlinge

Der wirksamste Schutz gegen Schädlinge sind Mischkulturen (siehe Seite 55). Mit den passenden Nachbarn im Beet werden Läuse, Schnecken & Co. wirkungsvoll, aber trotzdem natürlich ferngehalten.

Diese Pflanzen halten Blattläuse fern

Blattläuse befallen bevorzugt junge Blätter und Triebe und vermehren sich bei optimalen Bedingungen rasant. Gegen Läuse an Bohnen hilft Bohnenkraut in direkter Nachbarschaft am besten. Bei Dicken Bohnen eignet sich Hafer. Kohlsorten und Salat werden durch Kerbel geschützt. Unter Obststräuchern und -bäumen helfen Kapuzinerkresse und Brennnesseln.

Bei Läusen auf Rosen helfen Salbei und Lavendel als Unterpflanzung, sie halten zugleich Beikräuter im Zaum. Ganz allgemein hilfreich sind Pflanzungen mit Gartenkresse und Tagetes sowie Petersilie, Zwiebeln und Minze, da Läuse ihren Geruch nicht mögen. Wie ein akuter Blattlausbefall mit natürlichen Mitteln eingedämmt werden kann, erfährst du ab Seite 132.

Kartoffelkäfer natürlich fernhalten

Die Käfer und Larven des aus Nordamerika stammenden Kartoffelkäfers ernähren sich bevorzugt von den Blättern der Kartoffelpflanze, machen aber auch vor anderen Nachtschattengewächsen wie Tomaten und Auberginen nicht Halt. Hier helfen Meerrettich, Spinat und Erbsen, das Insekt fernzuhalten. Als besonders effektiv hat sich Kümmel erwiesen, den du ebenfalls zwischen die einzelnen Kartoffelpflanzen setzen kannst.

Tipp: Um eine Ausbreitung des Kartoffelkäfers frühzeitig einzudämmen, solltest du Käfer, Larven und Eier immer sofort absammeln. Da der Käfer tief im Boden überwintert, ist ein jährlicher Beetwechsel hilfreich. Als weitere Gegenmaßnahme ist es ratsam, Holzasche über die Pflanzen zu streuen und die befallenen Pflanzen mit einer Brühe aus Minzblättern zu besprühen.

Kohlweißling fernhalten

Die Raupen des Kohlweißlings haben es besonders auf die Blätter von Kohlpflanzen abgesehen. Stark riechende Pflanzen wie Beifuß, Salbei und Thymian sowie Eberraute, Pfefferminze und Schnittsellerie halten den Schmetterling und seine Raupen fern, wenn sie in der Nähe gepflanzt werden. Sollte dein Kohl dennoch mit Kohlweißling-Raupen befallen sein, hilft zeitnahes Absammeln, damit sich der Schädling nicht ausbreiten kann.

Auch ein Auszug aus Tomatenblättern schützt diverse Kohlarten wirksam vor den Raupen des Kohlweißlings, indem er um deine Pflanzen verteilt wird. Der Geruch überlagert das Aroma des Kohls, sodass der Kohlweißling ihn schwerer entdeckt.

Erdflöhe fernhalten mit Radieschen

Ein weiterer hartnäckiger Fraßschädling ist der Erdfloh. Einen Befall durch diesen Pflanzenfresser erkennst du an ein bis zwei Millimeter großen Löchern am Gemüse, vor allem an den Blättern verschiedener Kohlarten. Vorbeugend eignet sich eine Randbepflanzung mit Wermut. Salat ist effektiv geschützt, wenn du Radieschen oder Rettich danebenpflanzt.

Nematodenbefall verhindern

Die zu den Fadenwürmern gehörenden Nematoden leben im Boden, wo sie in die Wurzeln der Gemüsepflanzen eindringen und ihren Stoffwechsel schädigen. Resistente Pflanzen wie Ölrettich und Senf verhindern ihre Vermehrung und reduzieren die Schädlinge stark. Tagetes dämmt den Besatz im Boden deutlich ein, weil die Fadenwürmer beim Eindringen in ihre Wurzeln absterben. Für eine optimale Wirkung empfiehlt es sich, die frostempfindlichen Tagetes-Samen nach den Eisheiligen bis spätestens Mitte Juli auszusäen.

Neben häufig befallene Erdbeerpflanzen setzt man am besten Tagetes, Senf oder Ringelblume. Auch neben Kartoffeln und Kohl hat sich die Ringelblume bewährt.

Tipp: Da die verschiedenen Nematodenarten auf bestimmte Pflanzen spezialisiert sind, beugt eine abwechslungsreiche Fruchtfolge vor.

Pflanzlicher Schutz vor Schnecken

Die wohl größte Herausforderung für Biogärtner sind Schnecken, die sich durch Randbepflanzungen mit Rainfarn, Ysop und Kerbel von Gemüsepflanzen fernhalten lassen. Wenn du Tagetes neben deine zu schützenden Pflanzen setzt, machen sich die Schnecken über diese her, statt dein Gemüse zu fressen. Mehr Hilfsmittel gegen Schneckenbefall gibt es ab Seite 141.

Möhren ohne Möhrenfliege

Die ab Anfang Juni schlüpfenden Maden der Möhrenfliege fressen sichtbare Gänge in die Karottenwurzeln, sodass die Rübchen hinterher kaum noch verwertbar sind. Vorbeugend wirkt eine Mischpflanzung mit Majoran, Gelben Rüben sowie Zwiebeln und Lauch. Da auch dieser Schädling im Boden überwintert, ist eine wechselnde Fruchtfolge ebenfalls hilfreich.

Befall durch Bakterien und Pilze verhindern

Die Verbreitung verschiedener Bakterien- und Schimmelpilzarten, zum Beispiel an Erdbeeren und Möhren, lässt sich mit Lauchgewächsen wie Zwiebel, Porree, Knoblauch und Schnittlauch eindämmen. Denn sie hindern die Pilze an der

Sporenkeimung. Bei Rosen und Erdbeeren verhindert Knoblauch in der Nachbarschaft die Ausbreitung des Grauschimmels.

Gegen Mehltau an Tomaten, Kohl und Gurken hilft Basilikum. Bei Weinreben hat sich die Pfefferminze als hilfreicher Nachbar erwiesen. Kerbel eignet sich bei allen befallenen Pflanzen.

Gegen die Kräuselkrankheit und Monilia-Fruchtfäule an Pfirsich- und Kirschbäumen hilft Meerrettich als Unterpflanzung.

Der Säulenrost befällt hauptsächlich Schwarze Johannisbeeren und Jostabeeren. Du erkennst ihn an den gelb- bis orangefarbenen Flecken auf den Blättern. Wermut, zwischen die Johannisbeeren gesetzt, beugt dem Befall vor.

smarticular.net/pflanzen-gegen-schaedlinge

Befall mit Blattläusen eindämmen

Am einfachsten und natürlichsten lassen sich Blatt-, Schild-, Schmier-, Woll-, Blutläuse und andere Lausarten fernhalten, indem eine gezielte Mischkultur angepflanzt wird (siehe Seite 128) und indem Nützlinge wie Marienkäfer im Garten gefördert werden, die bevorzugt Läuse vertilgen (siehe Seite 143). Doch auch bei akutem Befall helfen natürliche Mittel, die du einfach selbst herstellen kannst.

▶ Läuse bekämpfen mit Brennnesseln

Bei einem frühen oder mittleren Befall hilft ein kalter Auszug aus Brennnesseln.

Du brauchst:

200 g frische oder 20 g getrocknete Brennnesseln

1 L Wasser

So gehst du vor:

1. Brennnesseln zerkleinern und mit kaltem Wasser aufgießen.
2. Die Mischung acht Stunden lang durchziehen lassen, jedoch nicht zu lange, sonst wird die Mischung unbrauchbar (sie kann dann noch als Dünger dienen, siehe Seite 104).
3. Pflanzenteile aus dem Sud entfernen.
4. Den Auszug unverdünnt in eine Sprühflasche füllen und auf Blätter, Stiele und Läuse spritzen.

▶ Antiläusemittel aus Farnblättern

Ein weiteres wirksames Spritzmittel insbesondere gegen Blatt-, Schmier- und Schildläuse lässt sich aus den Blättern von Adler- oder Wurmfarn herstellen. Es ist auch für Zimmerpflanzen geeignet. Da es viel Kalium enthält, stärkt es die Pflanzen wie ein Dünger.

Erforderliche Zutaten:

100 g frische Farnblätter

½ L Wasser

So stellst du das Spritzmittel her:

1. Farnblätter zerkleinern, mit dem Wasser in einen Kochtopf geben und zugedeckt eine Stunde lang bei niedriger Temperatur köcheln lassen.
2. Nach dem Abkühlen die Pflanzenteile absieben.
3. Den Sud mit der gleichen Menge Wasser verdünnen und die befallenen Pflanzen damit besprühen.

Als Brühe angesetzt, wirkt der Farn zudem gegen Schnecken und Rost (siehe Seite 120).

Läuse entfernen mit Knoblauch

Ein bewährtes Mittel aus der Küche gegen Läusebefall ist Knoblauch. Bei geringem oder frühem Befall kann es genügen, eine Knoblauchzehe ins Erdreich neben den Stängel zu stecken. Da die Wirkstoffe durch die Wurzeln nur langsam aufgenommen werden, ist bei akutem Befall ein Knoblauchsud zum Spritzen effektiver.

Zur Herstellung des Knoblauchsuds brauchst du:

50 g frischen Knoblauch

1 ½ L Wasser

So geht's:

1. Knoblauchzehen fein hacken und mit kochendem Wasser übergießen.
2. Den Ansatz mindestens für 30 Minuten ziehen lassen, danach absieben.
3. Nach dem Erkalten das Knoblauchspritzmittel in eine Sprühflasche füllen und die betroffenen Pflanzen damit behandeln. Bei Bedarf wiederholen.

Das Knoblauchmittel hilft auch bei Maden- und Milbenbefall sowie gegen Raupen und Schnecken.

Läuse mit Rhabarberblättern vertreiben

Mit frischen oder getrockneten Rhabarberblättern kannst du zwei verschiedene Spritzmittel herstellen. Sie vertreiben Läuse, Kraut- und Braunfäule (siehe Seite 122) und wirken ganz nebenbei als Dünger (siehe Seite 97).

Antiläusemittel mit Saponinen

Saponine sind seifenartige Stoffe, die in verschiedenen Pflanzen vorkommen. Sie lassen sich ebenfalls als wirksames Mittel gegen Läusebefall einsetzen. Du kannst das Mittel entweder aus Efeublättern oder aus Rosskastanien herstellen, die beide große Mengen Saponine enthalten.

Benötigt werden:

circa 50	Efeublätter oder circa 15 Kastanien
1 L	Wasser

So wird's gemacht:

1. Die frischen Kastanien mit einem Messer zerteilen oder, falls du Efeu verwendest, den Efeu grob zerkleinern.
2. Kastanienstücke bzw. Efeu in einem Liter Wasser erwärmen und für 30 Minuten zugedeckt sieden lassen. Dabei darauf achten, dass die Flüssigkeit nicht überschäumt.
3. Den Sud abkühlen lassen, durchsieben und in eine Sprühflasche füllen.
4. Die befallene Pflanze besprühen und die Behandlung nach Bedarf wiederholen.

Läuse mit Biokernseife entfernen

Reine Biokernseife ist gut biologisch abbaubar und wirkt zugleich effektiv gegen Läuse. Verwende nur Kernseife, denn andere Seifen, auch Naturseifen, enthalten Stoffe, die Pflanzen schaden.

Du brauchst:

25 g geriebene Kernseife, am besten ohne Palmöl

1 L Wasser

Löse die geriebene Kernseife in warmem Wasser auf und fülle die abgekühlte, flüssige Seifenlösung in eine Sprühflasche. Mit Läusen befallene Pflanzenteile werden mit der Lösung besprüht und die Prozedur nach Bedarf wiederholt.

smarticular.net/mittel-gegen-blattlaeuse

Buchsbaumzünsler mit natürlichen Mitteln bekämpfen

In Deutschland, Österreich, der Schweiz und anderen europäischen Ländern stellt der Buchsbaumzünsler eine massive Bedrohung für Buchsbäume dar. Der Falter, dessen Raupen ganze Bestände kahl fressen können, stammt ursprünglich aus Ostasien und wurde um 2007 nach Europa eingeschleppt. Seitdem breitet er sich immer mehr aus, da er keine natürlichen Feinde hat.

Du kannst auf preiswerte und natürliche, für Umwelt und Gesundheit unschädliche Mittel zurückgreifen, um dem Befall vorzubeugen oder ihn zu bekämpfen.

Buchsbaumzünsler-Befall vorbeugen

Es empfiehlt sich, bereits beim Kauf eines Buchsbaums zu kontrollieren, ob er vom Buchsbaumzünsler befallen ist. Seine schwarz-grün gestreiften Raupen sind meist noch sehr klein und verstecken sich im Inneren der Pflanze. Am einfachsten sind ihre mit gelbgrünen Kotkrümeln übersäten Gespinste zwischen den Blättern zu erkennen.

Steht der Buchsbaum dann im Garten, kann eine Pheromonfalle für Buchsbaumzünsler in der Nähe aufgestellt oder -gehängt werden. Die Falle lockt männliche Falter an, sodass sich durch regelmäßige Kontrolle ein Neubefall rechtzeitig feststellen lässt. Zur Bekämpfung sind die Fallen allerdings nicht ausreichend.

Natürliche Behandlung bei Neubefall

Wenn du feststellst, dass dein Buchsbaum befallen ist, ist wiederholtes Absammeln zunächst die einfachste Methode. Dabei ist es wichtig, nicht nur die äußeren Blätter zu kontrollieren, sondern auch in Stammnähe nach Gespinsten und Raupen zu suchen.

Bei großen oder mehreren Pflanzen ist es schneller und wirksamer, einen Hochdruckreiniger anzuwenden. Dafür zunächst den Boden unter dem befallenen Baum mit Folie oder einem Vlies abdecken. Mit scharfem Strahl die Pflanze säubern, bis sie völlig nass ist. Nach der Behandlung die Abdeckung mit den heruntergefallenen Raupen vorsichtig im Restmüll entsorgen.

Für nicht allzu große, einzeln stehende Pflanzen eignet sich ein schwarzer Müllsack, der an einem sonnigen Tag morgens über die Pflanze gestülpt wird. Durch

die im Inneren entstehende Hitze sterben die Raupen ab, der Buchsbaum dagegen verträgt die Hitze gut. Den Müllsack abends wieder entfernen.

Auch Kaffeesatz vertreibt die Schädlinge. Dafür den Kaffeesatz innerhalb einiger Wochen immer wieder auf und um den Buchsbaum streuen. Raupen und viele andere Schädlinge mögen Kaffee nicht, sodass sich der Buchsbaum dank der Behandlung wieder erholen kann.

▶ Biologische Pflanzenschutzmittel bei starkem Befall

Falls der Buchsbaum bereits stark befallen ist oder sogar abzusterben droht, ist eine Behandlung mit biologischen Pflanzenschutzmitteln sinnvoll. Präparate mit dem Bakterium *Bacillus thuringiensis* machen dem Buchsbaumzünsler den Garaus. Da das Mittel kein Kontaktgift ist, sondern erst im Verdauungstrakt der Raupen wirkt, nehmen Nützlinge im Garten keinen Schaden.

Produkte auf Basis von Raps- und Chrysanthemenöl (Pyrethrum) oder Neemöl lassen ebenfalls die Raupen und Eier absterben, ohne Bienen und andere Nützlinge zu gefährden.

Biospritzmittel gegen Buchsbaumzünsler-Befall

Ein wirksames Wasser-Öl-Spritzmittel lässt sich leicht selbst herstellen:

1. Zwei Teile Wasser und einen Teil Öl, am besten Rapsöl, sowie einen Spritzer Biospülmittel in einen großen Topf geben.

2. Mit dem Stabmixer gründlich mischen – dank des Spülis bildet sich eine homogene Emulsion.
3. In eine Sprühflasche füllen und den betroffenen Buchsbaum mit der Lösung tropfnass spritzen.
4. Zwischendurch immer wieder kurz schütteln, weil sich das Öl sonst oben absetzen könnte.

Die Mischung ist gleichzeitig gegen andere Schädlinge wie etwa Blattläuse, Schildläuse und Spinnmilben wirksam.

Sind alle anderen Behandlungsmethoden erfolglos geblieben, hilft oft nur noch ein radikaler Rückschnitt, um den Zünsler loszuwerden. Der Buchsbaum ist sehr schnittverträglich und treibt meist im nächsten Frühjahr wieder kräftig aus. Falls du deinen Buchsbaum nicht mehr retten kannst, solltest du ihn im Hausmüll entsorgen und nicht etwa kompostieren, um eine Ausbreitung des Zünslers auf weitere Pflanzen zu verhindern.

smarticular.net/buchsbaumzuensler

Ameisen fernhalten mit Hausmitteln

Ameisen sind im Garten eigentlich sehr nützlich: Durch ihr intensives Graben lockern sie den Boden auf und helfen, ihn zu belüften. Sie entsorgen totes Pflanzenmaterial und verbreiten Pflanzensamen.

Ameisen leben allerdings in Symbiose mit Blattläusen und züchten diese, um den Saft zu trinken, den Blattläuse ausscheiden. Außerdem können sie Krankheiten verbreiten und fallen über alles Essbare her. Doch mit natürlichen Mitteln kannst du Ameisen wirksam in Schach halten.

Ameisen im Haushalt verhindern

Grundsätzlich sollten alle Lebensmittel luftdicht verpackt werden, um keine Ameisen anzulocken. Tierfutternäpfe sollten nicht dauerhaft draußen stehen. Ritzen an Türen und Fenstern müssen gut abgedichtet sein.

Auch bei starkem Ameisenbefall musst du nicht zur chemischen Keule greifen. Alternative Methoden sind meist sogar preiswerter. Diese natürlichen Hausmittel kannst du direkt auf den Ameisenbau oder die Ameisenstraße geben, um die Insekten zu vertreiben:

- Lavendel oder stark riechende Pflanzen
- Kaffeesatz
- Zimt

Die folgenden Tricks helfen, Ameisen fernzuhalten:

- Stark riechende Kräuter wie Lavendel, Kerbel, Thymian und Minze direkt neben einen Ameisenbau pflanzen.
- Einen kräftigen Kreidestrich ziehen, beispielsweise vor einen Türbereich. Der Strich muss regelmäßig erneuert werden. Dieser Trick ist auch geeignet, um Ameisen ihre gewohnte Straße abzuschneiden und sie damit zum Umsiedeln zu bewegen.
- Groben Splitt in die Ritzen zwischen Gehwegplatten schütten, wenn sie von Ameisen ausgehöhlt werden. Dafür losen Sand aus den Ritzen entfernen und den Splitt einfegen. Die Körner sind größer als Sandkörnchen und können von Ameisen nicht weggetragen werden.

smarticular.net/ameisen

Schnecken im Garten natürlich fernhalten

Wenn der Salat aussieht wie ein Schweizer Käse, dann haben Schnecken den Garten erobert! Mit Gift sollte man nicht gegen Schnecken vorgehen, denn es gelangt über den Boden auch direkt in die Pflanzen und die Früchte. Oft wird zu Bierfallen geraten. Schnecken werden dadurch angelockt und ertrinken dann in der Flüssigkeit. Durch die Fallen werden jedoch mehr Schnecken aus der Nachbarschaft angelockt, und das Problem wird meist größer als zuvor.

Mit folgenden Tricks lassen sich Schnecken natürlich und ohne giftige Chemikalien fernhalten.

▶ Natürliche Schneckenfeinde

Im Garten finden auch natürliche Schneckenfeinde Platz, zum Beispiel Frösche, Vögel und Igel. Um diese Nützlinge anzulocken, eignen sich Laubhaufen, dichte Hecken und Bereiche mit naturbelassenem Blumenbewuchs. Sie sind gleichzeitig Lebensraum für viele nützliche Insekten und stellen so ein natürliches Gleichgewicht zu vielen anderen Schädlingen her.

Trockene Wege als Barriere

Beete mit empfindlichen Pflanzen wie Salat und anderes Blattgemüse können mit einem Weg aus trockenem Material rundherum umschlossen werden. Dafür eignet sich grober Splitt, Steinmehl, Holzwolle, Späne oder Kalk. Schnecken suchen eher feuchten Untergrund und meiden so die Beete mit wertvoller Rohkost.

Aus demselben Grund sollte der Boden immer locker, feinkrümelig und nicht zu feucht sein. Auch hilft es, morgens statt abends zu gießen, so sind die Oberflächen nur für kurze Zeit feucht.

Kaffeesatz hält Schnecken fern

Ein weiteres wirksames Mittel zum Schutz vor Schnecken ist Kaffeesatz. Streue ihn großzügig ringförmig um die zu schützenden Pflanzen. Sofern eine ausreichende Menge vorhanden ist, ist es ratsam, ihn auch großflächig auf dem gesamten Beet zu verteilen. Das in Kaffee enthaltene Koffein ist für Schnecken giftig, deshalb meiden sie ihn. Zudem dient Kaffeesatz als natürlicher Dünger (siehe Seite 96).

Schneckenzaun als Barriere

Schneckenzäune mit scharfen Kanten halten Schnecken besonders wirksam fern. Dazu werden spezielle Bleche mit einer abgewinkelten, scharfen Kante rund um das Beet aufgestellt oder am Hochbeet angebracht. Die Zäune stecken im Erdreich und ragen etwa zehn Zentimeter daraus hervor. Die Kante bildet ein unüberwindbares Hindernis für Schnecken. Auch Zäune aus feinem Drahtgeflecht helfen, Schnecken wirksam abzuwehren.

smarticular.net/schnecken

Nützlinge im Garten

Gegen Blattläuse, Schnecken & Co. helfen auch tierische Nützlinge. Wenn du ihnen einen geeigneten, möglichst natürlichen Lebensraum bietest und ein bisschen „Unordnung" im Garten zulässt, kommen sie ganz von allein, bereichern das Leben im Garten und bilden ein natürliches Gleichgewicht gegen zahlreiche Schädlinge, die sonst aufwendig bekämpft werden müssten.

Florfliegen gegen Blattläuse

Florfliegen ernähren sich unter anderem auch von Blattläusen, weshalb die Weibchen ihre Eier bevorzugt in der Nähe von Blattlauskolonien ablegen. Eine einzige Florfliege frisst im Larvenstadium bis zu 500 Blattläuse. Aber auch Woll- und Schmierläuse, Thripse und Spinnmilben stehen auf ihrem Speisezettel.

Florfliegen überwintern an geschützten, kühlen Plätzen oder unter Laub, das du im Herbst nicht entfernen solltest. Auch verkehrt herum aufgehängte, mit Holzwolle gefüllte Blumentöpfe dienen Florfliegen als Versteck, um den Winter zu überstehen. Die natürliche Schädlingsbekämpfung kannst du beschleunigen, indem du Florfliegenlarven aus dem Gartenmarkt oder online beziehst.

Marienkäfer gegen Blattläuse

Schon eine einzige Larve eines Marienkäfers frisst am Tag etwa 150 Blattläuse. Wenn du Marienkäfer in deinem Garten fördern möchtest, lass das Laub zum Überwintern liegen. Auch Insektenhotels aus Naturmaterialien (siehe Seite 146) und Steinhaufen fördern die Ansiedlung dieser Nützlinge.

Ohrwürmer gegen Blattläuse

Ein weiterer natürlicher Fraßfeind gegen Blattläuse ist der Ohrwurm, auch Ohrenkneifer genannt. Ohrwürmer sind in der Dämmerung aktiv und verstecken sich tagsüber bevorzugt auf Doldengewächsen oder in Baumrinden. Auch Insektenhotels bieten sich an, um diesen nachtaktiven Räuber in deinem Garten anzusiedeln.

Igel gegen Schnecken

Igel fressen vor allem Larven, Insekten, Asseln und Schnecken und sind gern gesehene Nützlinge. Die stacheligen Vierbeiner brauchen eine strukturreiche Umgebung wie Hecken, Gebüsche und Totholz, um sich wohlzufühlen. Größere Laubhaufen bieten ihnen einen sicheren Unterschlupf zum Überwintern.

Laufkäfer fressen Raupen und Schnecken

Die metallisch-glänzenden, meist flugunfähigen Laufkäfer ernähren sich hauptsächlich von Insekten. Neben Raupen, Spannern und Würmern fressen Laufkäfer kleine Schnecken und Kartoffelkäfer. Sie können pro Tag das Dreifache ihres Eigengewichts zu sich nehmen. Da sie nachtaktiv sind, brauchen sie tagsüber Verstecke wie Laub-, Stein- und Totholzhaufen, Baumstümpfe, Hecken oder auch dichtes Gras.

Spinnen warten auf geflügelte Schädlinge

Auch Spinnen sind Nützlinge. Vor allem geflügelte Blattläuse bleiben in ihren Netzen hängen, praktischerweise auch Mücken. Deshalb ist es empfehlenswert, die Netze nach Möglichkeit heil zu lassen.

Raubkäfer vertilgen Raupen des Kohlweißlings

Gegen Kohlweißlingraupen helfen Raubkäfer. Sie brauchen Verstecke wie Baumstümpfe, Steinhaufen und Bodendecker sowie feuchte Orte mit Moos. Aber auch Vögel, Laufkäfer und Schlupfwespen helfen gegen Kohlweißlinge. Wenn du einen akuten Befall hast, empfiehlt es sich, einen Auszug aus Tomatenblättern anzusetzen (siehe Seite 118).

Vögel fressen Raupenschädlinge

Zu den nützlichen Vogelarten gehören die meisten Höhlen- oder Halbhöhlenbrüter wie Kohl- und Blaumeisen, die zweimal im Jahr brüten und deren Junge bis zu 10 000 Raupen fressen. Ihr Vorkommen lässt sich durch zusätzliche Nistkästen unterstützen, aber auch durch beerenreiche Gehölze wie Vogelbeeren, Schwarzen Holunder oder Schlehen.

Schlupfwespen gegen Obstmaden

Um die Entwicklung von Apfel- und Pflaumenwicklern einzudämmen, kannst du im Handel erhältliche Tafeln von Schlupfwespen nutzen. Sie werden von Anfang Juni bis Mitte August am Baumstamm angebracht. Die Tafeln enthalten verschiedene Altersstufen der Schlupfwespen, die sowohl die Maden als auch die ausgewachsenen Schädlinge fressen.

smarticular.net/nuetzlinge

Den Garten tierfreundlicher gestalten

Damit sich all die gern gesehenen Nützlinge auch wohlfühlen und sie gern in deinen Garten kommen, lohnt es sich, einige Maßnahmen zu ergreifen beziehungsweise einige übliche Tätigkeiten einfach zu unterlassen. Damit sparst du dir nicht nur viel Arbeit, sondern schaffst auch gleichzeitig ein natürlicheres, Tiere willkommen heißendes Umfeld.

Den Rasen seltener mähen

Löwenzahn, Gänseblümchen & Co. brauchen einige Tage, um ihre Blüten erneut emporzurecken, nachdem der Rasen gemäht wurde. Je länger du ihnen dafür Zeit lässt, desto mehr Bienen, Hummeln und andere summende Insekten werden den Weg in deinen Garten finden. Wenn Platz dafür vorhanden ist, könntest du auch ein paar Quadratmeter des Rasens komplett sich selbst überlassen und zusehen, wie innerhalb kurzer Zeit eine Oase des Lebens entsteht.

Nicht alle Pflanzen zurückschneiden

Gerade bei Topfpflanzen empfiehlt sich im Spätherbst häufig ein Rückschnitt, damit die Pflanze im Frühjahr wieder von unten austreibt, dicht wächst und nicht zu groß wird. Aber auch einige frei stehende Zier- oder Nutzpflanzen brauchen einen Rückschnitt, um den optischen Wünschen zu entsprechen oder Früchte zu tragen. Je länger du mit dem Rückschnitt wartest, desto mehr Nahrung und Raum, um sich zu verstecken, bleibt für Nützlinge.

Abgestorbene Zweige und Samenstände liefern Insekten ein Winterversteck und Vögeln und anderen Kleintieren Nistmaterial. Mit verbliebenen Samen ist auch noch ein Notvorrat an Nahrung vorhanden. Selbst auf dem Balkon ist so Tierschutz möglich.

Laub nicht entsorgen, sondern im Garten belassen

Rasenflächen von Laub zu befreien, ist notwendig, wenn keine kahlen Stellen im Gras entstehen sollen. Es empfiehlt sich jedoch, das Laub nicht zu entsorgen, sondern als natürliche Mulchschicht und Frostschutz auf Beeten und unter größeren Pflanzen zu verteilen (siehe Seite 48).

Insektenhotel für Nützlinge selber bauen

Mit einem Insektenhotel bietest du Nützlingen im Garten und auf dem Balkon eine Nisthilfe, hilfst Wildbienen und unterstützt den Kreislauf der Natur. Damit die Brutstätte von den potenziellen Gästen angenommen wird, müssen einige Voraussetzungen stimmen.

Den Bedürfnissen der Insekten werden viele im Handel erhältliche Behausungen aber kaum gerecht. Sie sind zwar dekorativ, aber als Nisthilfe oft ungeeignet. Mit einer selbst gebauten Insektenbehausung kannst du allen Bedürfnissen entgegenkommen.

Wie das Grundgerüst aufgebaut ist, ist dabei eher nebensächlich – ein stabiler Holzrahmen, eine alte Holzschublade oder ein Stapel Paletten (für ein imposantes Insektenhotel) erfüllen den Zweck. Ein Schutz vor starkem Regen ist hilfreich. Entscheidend ist jedoch das Füllmaterial, damit die richtigen Insekten angelockt werden und die Behausung auch nutzen können.

▶ Insektenhotel für Wildbienen: Das solltest du beachten

Wildbienen (Solitärbienen) benötigen nur eine winzige röhrenartige Öffnung zum Brüten. Gewisse „Bauvorschriften" gelten für alle Behausungen:

- Als bevorzugte Materialien sind Holz, mit Sand gemischter Lehm, Ton(-ziegel) sowie hohle Pflanzenstängel zu nennen.
- Empfehlenswert ist ein Durchmesser zwischen zwei und zehn Millimetern für die Brutröhren. Am häufigsten werden Röhren zwischen drei und sechs Millimetern bezogen.
- Die Länge der Röhren sollte mindestens die zehnfache Länge des Durchmessers betragen, ein Abstand von ein bis zwei Zentimetern ist empfehlenswert.
- Hohle Stängel, Schilf und Bambus werden gern von hungrigen Vögeln herausgezogen und geplündert. Klebe sie daher am besten am hinteren Ende fest oder sichere sie auf der Vorderseite mit Kaninchendraht.

- Nur waagerechte Röhren werden zum Brüten angenommen. Eine Ausnahme sind trockene, markgefüllte Stängel, zum Beispiel von Holunder oder Sommerflieder, die von manchen Wildbienen bevorzugt und selbst ausgeräumt werden.
- Bohrungen in Holz am besten von der Rindenseite im rechten Winkel zur Maserung vornehmen. Dabei das Holz nur an- und nicht durchbohren. Hohle Stängel besser mit der Laubsäge statt mit der Gartenschere kürzen, damit die Halme nicht zerdrückt werden und keine Längsrisse entstehen. Die hinteren Enden verschließen. Brutröhren mit offenen Enden oder Rissen werden von den Insekten meist verschmäht.
- Holz von Obst- und Nussbäumen, Buche, Eiche oder Esche ist gut geeignet. Nadelholz und Weichholz, zum Beispiel von Weide oder Pappel, ist als Bauholz ungeeignet, da es beim Bohren leicht ausfranst.
- Es empfiehlt sich, das Hotel an einem trockenen, sonnigen Ort aufzustellen. Wenn keine regengeschützte Stelle zu finden ist, kann das Häuschen mit einem improvisierten Dach versehen werden.

▶ Für Wildbienen ungeeignete Baumaterialien

Die folgenden Bestandteile sind zwar in handelsüblichen Insektenhotels häufig zu finden, sind jedoch als Brutmöglichkeit für die meisten Bienenarten nutzlos und dienen höchstens anderen Nützlingen als Unterschlupf.

Auf diese Materialien kannst du verzichten:

- Brutröhren aus Glas oder Plexiglas. Denn bei diesen nicht atmungsaktiven Materialien ist die Gefahr groß, dass die Brut schimmelt.
- Kein Stroh im Insektenhotel für Wildbienen verbauen: Es dient Ohrenkneifern als Unterschlupf, die als Pollenräuber bekannt sind. Daher sollten sie weit weg von der Bienenpension untergebracht werden.
- Reisig und Kiefernzapfen sind für Wildbienen ebenso wertlos, kommen aber als Unterschlupf für andere Nützlinge infrage.
- Leere Schneckenhäuser eignen sich ebenfalls nicht für die brütenden Wildbienenarten.

Einfache Behausungen für Wildbienen und Krabbler

Die einfachsten „Insektenhütten“ sind aus wenigen Hilfsmitteln schnell gebaut. Sie dienen vor allem verschiedenen Wildbienen und nützlichen Wespenarten als Nistplatz und anderen Nützlingen als Unterschlupf.

Stammabschnitt mit Bohrungen

Besonders schnell lässt sich aus einem Brennholzscheit ein Nistplatz für Wildbienen und Wespen anlegen. Verwende dafür am besten einen Scheit mit Rinde und bohre mit unterschiedlich großen Bohrern von der Rindenseite aus Löcher in das Holz. Auch eine Baum- oder Astscheibe lässt sich auf diese Weise in eine Behausung verwandeln. Da bei Löchern, die von der Stirnseite aus in das Holz gebohrt werden, schneller Risse entstehen, ist es wichtig, besonders gut getrocknetes Holz zu verwenden.

Schilf, hohle Stängel und Bambus

Die Hohlräume von Schilf, Bambus und die stabilen Stängel anderer Pflanzen bieten ideale Voraussetzungen, um von Nützlingen bewohnt zu werden. Zusammen mit einem Blumentopf oder einer Dose wird daraus ein Insekten-Bungalow.

So geht's:

1. Ein Bündel der hohlen Halme, das so dick ist wie der Boden des Topfes, ein bis zwei Zentimeter kürzer schneiden, als der Topf hoch ist, und mit einem Stück Schnur zusammenbinden.

2. Die Halme am Boden des Gefäßes mit ungiftigem Bastelkleber befestigen.

3. Die Füllung stabilisieren, indem die Hohlräume des nach oben breiter werdenden Töpfchens mit weiteren, kürzeren Stängeln ausgefüllt und ebenfalls mit einem Klecks Kleber befestigt werden.

4. Mit einem Haken an einer Hauswand oder einem Zaun aufhängen.

Markhaltige Stängel von Holunder, Sommerflieder, Himbeere und Brombeere können einzeln oder gebündelt senkrecht aufgehängt oder -gestellt werden. Bestimmte Arten nutzen diese „Rohbauten“ gern, um selbst Brutröhren in das

Mark zu graben. Da die Zweige nur einmal zum Brüten bezogen werden, kannst du sie nach der Saison entsorgen. Dass sie als Kinderstube angenommen wurden, erkennst du daran, dass die oberen Enden verschlossen sind.

Lehm, Lochziegel, Porenbeton

Eine Mischung aus Lehm oder Ton mit etwa der fünffachen Menge Sand ist ebenfalls geeignet, um Brutstätten für Insekten herzustellen. Die trockene Mischung soll zerbröseln, wenn sie mit dem Fingernagel bearbeitet wird.

Holzrahmen, Lochziegel, Weinlagersteine oder große Tonröhren sind ein gutes Grundgerüst für eine Lehmbehausung. Die einzelnen Löcher der Steine werden mit der Lehm-Sand-Mischung gefüllt und beispielsweise mit einem Schaschlikspieß durchlöchert. Zunächst jedes Loch bis zur Rückseite durchstoßen, um zu verhindern, dass es beim Herausziehen des Werkzeugs durch den Unterdruck wieder in sich zusammenfällt. Von der Rückseite die Löcher nachträglich verschließen.

Strangfalzziegel bieten bereits eine optimale Basis für Brutröhren. Es reicht, die Röhren der Ziegel mit etwas Lehm zu schließen. Spezielle Bienensteine lassen sich ohne weitere Anpassungen für die Brut verwenden.

Porenbetonsteine lassen sich ebenfalls durchlöchern und zu Insektenunterkünften umgestalten. Die Bearbeitung ist sogar einfacher als bei Holz. Allerdings ist es besonders wichtig, dass du die Unterkunft aus Porenbeton vor Regen und Feuchtigkeit geschützt aufstellst.

Stroh, Reisig und Kiefernzapfen

Für Wildbienen und -wespen sind mit Zapfen gefüllte Hohlräume zwar uninteressant, dafür bieten sie zahlreichen anderen Nützlingen im Garten Unterschlupf. Um diesen Krabblern zu helfen, kannst du einen separaten Tontopf oder einen kleinen Eimer mit Holzwolle oder Stroh füllen und das Gefäß kopfüber an einer Wand, einem Ast, Stab oder Pfosten aufhängen – ein idealer Wohnort für Ohrenkneifer!

Nützlinge wie Florfliegen und Marienkäfer freuen sich über einen Unterschlupf aus Reisig und Kiefernzapfen, mit denen ein Tontopf oder eine alte Obstkiste möbliert werden kann. Um zu verhindern, dass lose Materialien herausfallen, ist es sinnvoll, sie festzukleben oder auf der Vorderseite mit Kaninchendraht zu sichern.

▶ Hotel für verschiedene Nützlinge

Mit der Kombination unterschiedlicher Nistmaterialien in mehreren Fächern lässt sich ein wahres Luxushotel gestalten. Die Hohlräume eines Weinlagersteins oder eines Lochziegels können nach Lust und Laune unterschiedlich befüllt werden. Eine Obstkiste, mit dem Holz einer zweiten Kiste in mehrere Fächer unterteilt, bietet ebenfalls Platz für verschiedene Brutmöglichkeiten. Eine alte Holzschublade, ein ausgedientes CD-Regal oder ein Setzkasten – verwende das, was vorhanden ist. Es ist ratsam, nur solche Materialien zu verwenden, die frei von Schadstoffen sind.

🌐 *smarticular.net/insektenhotel*

Miniteich für Vögel und Insekten anlegen

Ein Teich im Garten sieht nicht nur hübsch aus, sondern ist für Vögel und Insekten vor allem im Sommer als Tränke und zur Abkühlung lebenswichtig. Auch wenn du nur einen kleinen Garten oder einen Balkon besitzt, kannst du Tiere mit einer solchen Wasserstelle unterstützen, denn ein Teich ist auch im Miniformat möglich.

Bienen bringen das kühle Nass beständig zu ihrem Stock und befeuchten die Brutwaben, um sie zu kühlen. Schon eine kleine Wasserschale auf dem Fensterbrett kann den Nachwuchs eines ganzen Volkes vor dem Hitzetod bewahren.

Miniteich mit einfachsten Mitteln

Bereits eine flache Wasserschale auf der Fensterbank stellt einen Miniteich dar. Damit Bienen und andere Insekten das Wasser erreichen können, ohne zu ertrinken, bedarf es hineingelegter kleiner Steine oder Ästchen, die teilweise aus dem Wasser ragen.

Wer etwas mehr Platz hat, kann auch ein größeres Gefäß verwenden und bepflanzen. Für einen Eimer reicht eine einzelne Wasserpflanze. Eine Wanne beherbergt leicht verschiedene Arten und wird so zum feuchten Minibiotop.

Bepflanzten Miniteich anlegen

Für einen ganzjährig im Freien stehenden Miniteich, der auch als Brutstätte für Libellen und andere Insekten sowie Amphibien dienen kann, brauchst du:

- Gefäß, am besten nach oben hin breiter werdend, sodass es durch Eisbildung im Winter nicht gesprengt wird (zum Beispiel Mörteleimer, Holzfass oder Zinkwanne)
- Teichfolie (bei Bedarf)
- große Steine
- Kies
- Wasser- und Sumpfpflanzen

So wird's gemacht:

1. Halbschattigen oder schattigen Platz suchen, um direkte Sonneneinstrahlung und Algenbildung zu vermeiden.
2. Gefäß mit Teichfolie auslegen, falls es nicht vollständig wasserdicht ist, aber noch nicht befestigen.
3. Bei einem tieferen Gefäß große Steine oder Ziegel hineinlegen, sodass verschieden tiefe Zonen entstehen. Empfehlenswert ist eine Sumpfzone oder ein Stein, der am Rand aus dem Wasser ragt, sodass Insekten gut landen und hineingefallene Tiere herausklettern können.
4. Pflanzen nur mit spezieller Teicherde oder einem nährstoffarmen Lehm-Sand-Gemisch und am besten in Körben einsetzen.
5. Kies waschen und Boden und Oberfläche der Pflanzkörbe damit bedecken.
6. Mit Regenwasser oder kalkarmem Wasser vorsichtig auffüllen, um den Bodenbelag nicht aufzuwirbeln. Einige Zentimeter Platz zur Oberkante lassen.
7. Teichfolie kurz unter dem Rand umschlagen und festtackern oder alternativ über den Rand legen.

Geeignete Pflanzen für den Miniteich

Für die bis zu zehn Zentimeter flache Sumpfzone des Miniteiches eignen sich zum Beispiel Froschlöffel, Brunnenkresse, Sumpfdotterblume, Blutweiderich und Fieberklee, die allesamt winterhart sind. Für etwas größere Teiche ist der Zwergrohrkolben eine passende Bepflanzung, die auch etwas Schatten bietet.

In bis zu 40 Zentimeter tiefem Wasser wachsen Tannenwedel, Wasserminze, Pfeilkraut, Igelkolben oder Sumpfblutauge, die ebenfalls Wintertemperaturen vertragen. Seerosen-Liebhaber sind mit einer frostunempfindlichen Mini-Seerose gut bedient, die schon mit einer Wassertiefe von etwa 20 Zentimetern auskommt.

Wer einen Teich mit mehr als 40 Zentimeter Wassertiefe besitzt, kann normalwüchsige, winterharte Seerosenarten, Mummel (auch Teichrose genannt), Wasserstern, Seekanne und Froschbiss für die winterfeste Bepflanzung wählen.

Wassersalat und Wasserlinsen, die ohne Bodenkontakt auf dem Wasser schwimmen, beschatten das Wasser, sodass das Algenwachstum eingeschränkt wird. Pflanzen wie Wasserpest oder Tausendblatt produzieren besonders viel Sauerstoff und machen Algen das Leben schwer. Wer sein kleines Biotop mit zusätzlichem Sauerstoff versorgen möchte, kann einen Solarspringbrunnen einsetzen.

Hinweis: Ein bepflanzter Teich im Miniformat bedarf fortwährender Pflege, denn ein natürliches Gleichgewicht stellt sich aufgrund der geringen Größe nur selten ein. Bei anhaltender Trockenheit muss Wasser nachgefüllt werden. Bei starkem Algenwachstum empfiehlt es sich, totes Pflanzenmaterial zu entfernen und regelmäßig einen Teil des Wassers auszutauschen.

smarticular.net/miniteich-anlegen

Vogelfutter preiswert und originell

Aus preiswerten Zutaten und normalen Haushaltsgegenständen lassen sich tolle Futterspender für Vögel bauen. Vögel lieben alle Arten kleiner Körner, Samen, Nüsse und Trockenfrüchte. Du kannst nach Belieben verschiedene Zutaten verwenden, zum Beispiel Dinkel, Flachs, Hafer, Hirse, Weizen, Leinsamen, Hanfsamen, Getreide, Rosinen, Sonnenblumenkerne und Haselnüsse.

Das Futter kann auf zwei verschiedene Weisen angeboten werden:

Lose Körner in einem Futterhäuschen oder einem selbst gebauten Futterspender.

Futter in Pflanzenfett gebunden, als sogenanntes Fettfutter. Der besondere Vorteil von Fettfutter ist sein Energiegehalt, denn neben den Nährstoffen aus Körnern und Nüssen nehmen die Vögel so zusätzlich wichtiges Fett auf. Dieser extra Energieschub ist bei tiefen Minusgraden lebenswichtig für die kleinen Zaungäste.

Das benötigst du für das eigene Vogelfutter:

- Pflanzenfett (am besten Kokosfett, kein Kokosöl)
- verschiedene Körner (zum Beispiel Dinkel, Flachs, Hafer, Hirse) oder Rosinen

So gehst du vor:

1. Das Kokosfett langsam in einem Topf erhitzen, bis es flüssig ist.
2. Vom Herd nehmen und verschiedene Körner hinzugeben, bis es eine zähe Masse wird. Dabei ausgiebig umrühren. Solange die Masse warm ist, lässt sie sich gut verteilen und formen.

Fertig ist das energiereiche und nahrhafte Vogelfutter für kalte Wintertage. Es gibt viele Möglichkeiten, das Fettfutter den Vögeln zugänglich zu machen.

1. Auf einem Tannenzapfen

Nimm einen Tannenzapfen und binde um das obere Ende eine Schnur, an der du den Zapfen später aufhängst. Drücke den Brei zwischen die einzelnen Lamellen und runde das Ganze mit einer äußeren Futterschicht ab.

Die entstehenden Futterzapfen kannst du in Bäume, Sträucher oder in die Nähe der Fenster hängen. Sie eignen sich ideal für kleine Vögel wie Spatzen und Singvögel, wohingegen Tauben, Krähen und Elstern daran keinen Halt finden.

2. In Tassen oder Blumentöpfen

Kleine Tontöpfe, Blumentöpfchen oder alte Tassen lassen sich mit dem Futter füllen. Stecke einen kleinen Stock in die Masse, bevor sie fest wird. So gibst du kleinen Vögeln einen guten Landeplatz.

3. In einer Apfelsinenhälfte

Die Schale einer halben Apfelsine (alternativ eine Kokosnusshälfte) eignet sich auch als Gefäß für das Vogelfutter. Mit zwei Stäbchen, über Kreuz hindurchgesteckt, und ein paar Fäden entsteht eine schöne Lande- und Futterstelle für Vögel.

4. Als Futterkolben

Wenn es ganz einfach gehen soll, dann warte ab, bis die Masse etwas abgekühlt ist. Walze sie auf einer ebenen Fläche aus. Du kannst sie nun um einen Faden herum aufrollen und so einen Kolben formen, der sich leicht aufhängen lässt.

5. Als Meisenknödel

Die Samenmischung, in einem Verhältnis von 1:1 mit Fett gemischt, ergibt eine gut formbare Teigmasse, aus denen du runde Meisenknödel herstellen kannst.

smarticular.net/vogelfutter

Balkon- und Terrassengarten

Sogar ein kleiner Balkon oder eine Terrasse lassen sich natürlicher und bienenfreundlicher gestalten. Vor allem in dicht besiedelten Städten sind solche kleinen grünen Oasen Gold wert. Mit einem Biobalkon schaffst du dir einen Ort der Erholung und zugleich einen Lebensraum für Bienen, Vögel und viele andere Nützlinge. Es ist sogar möglich, sein eigenes Obst und Gemüse in Kästen und Kübeln anzubauen – unsere besten natürlichen Tipps für den Biobalkon und die Bioterrasse haben wir in diesem Kapitel zusammengestellt.

Gemüse anbauen ohne Garten

Wer nur über einen Balkon oder eine Terrasse verfügt, muss auf den Anbau des eigenen Gemüses nicht verzichten. Denn viele Gemüsesorten lassen sich problemlos auf dem Balkon oder sogar in der Wohnung ziehen.

Der besondere Vorteil beim Anbau in der Wohnung: Die Pflanzsaison ist viel länger als im Freien, denn drinnen ist es immer sommerlich warm. So sind bei vielen Gemüsesorten in der Wohnung zwei oder drei Ernten pro Jahr möglich. Allerdings ist für die meisten Sorten ein besonders sonniger Standort notwendig, am besten direkt vor einem Fenster, das nach Süden oder Südwesten zeigt.

▶ Bohnen, Erbsen

Bohnen und Erbsen sind besonders einfach zu ziehen. Am besten eignet sich ein Blumenkasten mit Untersetzer, da so überschüssiges Gießwasser ablaufen kann. Als Rankhilfe dienen vertikal gespannte Fäden. Alternativ bietet es sich an, lange Holzstäbe in die Erde zu stecken. Von März bis Oktober sind zwei bis drei Aufzuchten nacheinander möglich.

▶ Tomaten

Für Tomatenpflanzen eignen sich am besten Kübel mit mindestens zehn Liter Inhalt. Zwei bis drei Stäbe werden in die Erde gesteckt und oben zusammengebunden. Die Stäbe geben der Pflanze Halt, wenn sie Früchte trägt.

Da Tomaten keinen direkten Regen vertragen, stehen sie am besten auf einem überdachten Balkon, lassen sich aber auch gut innerhalb der vier Wände anpflanzen. Wichtig ist, dass sie viel natürliches Licht erhalten, um den vollen Geschmack der Früchte entwickeln zu können. Für die Befruchtung der Blüten reicht es, die einzelnen Blüten zu schütteln.

▶ Gurken

Ähnlich wie Tomaten lassen sich Gurken in großen Töpfen oder Kübeln ziehen. Sie benötigen jedoch mehr Fläche und wachsen weniger in die Höhe als Tomaten. Ansonsten verläuft die Aufzucht fast identisch.

▶ Radieschen

Radieschen kannst du einfach in Blumentöpfen oder in einem Blumenkasten säen. Schon nach wenigen Wochen sind die Früchte reif, sodass du mehrere Male im Jahr Radieschen säen und ernten kannst.

▶ Zwiebeln und Lauchgewächse

Alle Arten von Lauchgewächsen wie Knoblauch, Bärlauch, Porree, Frühlingszwiebeln sowie Zwiebeln jeder Größe und Farbe sind völlig unkompliziert in Kübeln und auf der Fensterbank zu ziehen.

▶ Kartoffeln auf dem Balkon oder in der Wohnung

Kartoffeln, die Keime gebildet haben, müssen nicht weggeworfen werden, sondern sind ideal, um neue Kartoffeln anzubauen. Mit einem großen Kübel oder Eimer und normaler Blumenerde kannst du unkompliziert, platzsparend und preiswert neue Kartoffeln ziehen – auf der Terrasse, dem Balkon oder sogar in der Wohnung.

Für den Kartoffelanbau brauchst du:

- Eimer mit mindestens zehn Liter Fassungsvermögen, alternativ einen Einkaufsbeutel aus Baumwolle
- Kompost- und Blumenerde
- Kies oder Tonscherben
- Pflanzkartoffeln

Bei deiner Kartoffelzucht gehst du folgendermaßen vor:

1. Kartoffeln ohne Keimlinge für einige Tage an einen hellen, aber nicht sonnigen Platz bei ungefähr 20 °C legen. Wenn kräftige Keimaugen zu sehen sind und die Knollen grün zu werden beginnen, ist der optimale Zeitpunkt zum Stecken gekommen.

2. Eimer mit ein wenig Kies oder auch Tonscherben befüllen, damit sich kein Wasser staut.

3. Kompost- und Blumenerde darüberschichten, gut ein Drittel des Eimers füllen.
4. Maximal drei Kartoffeln aussuchen, die kurze, kräftige Triebe haben. Optimal sind drei bis sechs kurze, kräftige und leicht violette Keime, sogenannte Lichtkeime. Kartoffeln mit ausreichend Abstand zueinander im Eimer platzieren, immer mit den „Augen" nach oben.
5. Eine Handbreit Erde auf die Kartoffeln geben und gut angießen.

Die Kartoffeln sollten jede Woche einmal gegossen werden, im Sommer öfter nach Bedarf. Wenn du einen Finger einige Zentimeter tief in die Erde steckst und sie feucht ist, brauchst du noch nicht gießen, denn zu viel Wasser lässt die Wurzeln faulen.

Kartoffeln brauchen Stickstoff, Kalium und Phosphor. Wenn die Pflanzen etwas größer sind, empfiehlt es sich, sie von Zeit zu Zeit beispielsweise mit Kaffeesatz zu düngen. So wird das Fehlen der Käfer, Larven und Würmer kompensiert, die den Boden im Freien auflockern und mit Nährstoffen anreichern würden. Eine weitere Alternative stellt Humus aus dem eigenen Wurmkomposter dar (siehe Seite 105).

Während die Pflanzen wachsen, wird immer wieder zusätzliche Erde in den Eimer gegeben, bis nur noch die oberen Blätter zu sehen sind. Durch das Anhäufeln der Kartoffeln bilden die Pflanzen neue Triebe aus und werfen einen höheren Ertrag ab.

Kartoffeln ernten

Ernten kannst du die Kartoffeln, sobald die Blätter der Pflanzen vergilben und die Erde ausgetrocknet ist. Warte nach dem Absterben des Kartoffelkrauts noch ein paar Tage, denn so reifen die Knollen vollständig und bilden eine widerstandsfähigere Schale.

Hole die Kartoffeln vorsichtig aus der Erde und befreie sie vom Schmutz. Gewaschen werden sie erst kurz vor dem Verzehr. Falls einige Kartoffeln grün sein sollten, lagen sie zu nahe an der Oberfläche. Sie enthalten das giftige Solanin und sollten nicht gegessen werden.

smarticular.net/kartoffeln-im-eimer

Zucchini vom Balkon

Die genügsame Zucchini-Pflanze bildet bei guten Bedingungen auch in einem Kübel mit einem Fassungsvermögen von wenigstens 15 Litern reichlich Früchte. Für beengte Verhältnisse sind kletternde oder klein gezüchtete Sorten erhältlich, die sogar im Blumentopf gedeihen.

Damit die Zucchinipflanze auch auf deinem Balkon groß und stark wird, benötigt sie vor allem drei Dinge:

- Sonne: Mindestens einige Stunden Sonnenlicht am Tag sind notwendig, damit die Zucchinipflanze wächst und Früchte bildet.
- Viel Wasser: An heißen Tagen kann es notwendig sein, die Pflanze morgens und abends zu gießen. Wichtig ist dabei, einen Kübel mit Abflussloch zu verwenden, damit keine Staunässe entsteht und die Wurzeln nicht faulen.
- Nährstoffreiche Erde: Die Zucchini zählt zu den Starkzehrern, weshalb sie am besten auf Komposterde gedeiht, zum Beispiel aus dem Wurmkompost (siehe Seite 105). Zur besseren Nährstoffversorgung kannst du auch mineralstoffreiches Gesteinsmehl unter die Erde mischen.

Zucchini säen und auspflanzen

Auf einem Balkon ist die mediterrane Pflanze besser geschützt als im Gartenbeet, sodass du sie etwa Anfang Mai aussäen kannst, am besten nach den Eisheiligen. Eine besonders lange Wachstumsperiode und reiche Ernte erhältst du,

wenn du die Pflänzchen schon ab Mitte April in der Wohnung in Anzuchttöpfchen vorziehst und erst bei zuverlässig warmen Temperaturen auf den Balkon umsiedelst.

So geht's:

1. Pro Töpfchen drei Samen etwa drei Zentimeter tief in die Erde stecken, mit Erde bedecken und angießen. Die Erde gleichmäßig feucht halten.

2. Nach etwa einer Woche sollten die ersten Triebe zu sehen sein. Wenn mehrere Pflänzchen in einem Topf wachsen, die schwächeren vorsichtig entfernen, sobald die ersten Laubblätter sprießen, die den Keimblättern folgen.

3. Ab Mitte Mai die Anzuchttöpfchen tagsüber nach draußen stellen.

4. Einige Tage später, wenn die Pflänzchen etwas abgehärtet sind, können sie dann an ihren endgültigen Platz ausgepflanzt werden. Sie sollten dafür noch nicht zu groß sein, weil sie das Umpflanzen dann schlechter vertragen. Pro Gefäß eine einzige, kräftige Pflanze setzen.

Zucchini pflegen und ernten

Am liebsten mögen die Pflanzen gleichmäßig feuchte Erde ohne Staunässe. Trockenheit, verursacht etwa durch unregelmäßiges Gießen, kann zu bitteren Früchten führen.

Nach etwa zwei Monaten werden die Früchte geerntet. Am besten schmecken sie, wenn sie etwa zehn Zentimeter lang und noch nicht voll ausgereift sind. Größere Früchte sind faseriger und nicht mehr so aromatisch, dafür länger haltbar. An guten Standorten kommt für jede geerntete Frucht schon bald eine neue nach, teilweise bis in den Herbst hinein.

Hinweis: Wer eigene Samen gewinnen möchte, kann eine Frucht ausreifen lassen. Um unerwünschte giftige Kreuzungen zu verhindern, ist es empfehlenswert, keine Zierkürbisse in der Nähe zu kultivieren. Bittere Früchte sollten zudem nicht verzehrt werden, da sie Giftstoffe enthalten können.

smarticular.net/zucchini-balkon

Säulenobst und Zwergbäume

Für alle, die auch ohne Garten oder Streuobstwiese Äpfel, Birnen & Co. ernten möchten, gibt es spezielle Züchtungen, die sich in einem großen Kübel auf dem Balkon ebenso wohlfühlen. Säulenobst zeichnet sich durch einen schlanken, platzsparenden Wuchs aus und ist in Baumschulen erhältlich.

Ingwer beliebig oft vermehren

Sogar der exotische Ingwer lässt sich im Topf selbst vermehren – als heimische Alternative zu käuflichem Ingwer, der normalerweise um den halben Globus reist.

So beginnst du mit dem Anbau deiner Ingwer-Zucht:

1. Ein daumengroßes Stück der Wurzelknolle als Keimhilfe über Nacht in lauwarmes Wasser legen.
2. Einen Blumentopf zu zwei Dritteln mit nährstoffreicher Erde füllen. Am besten eignet sich eine möglichst große, flache Schale, denn die Wurzeln breiten sich eher seitwärts aus als in die Tiefe.
3. Ingwerwurzel in die Erde setzen.
4. Mit etwa zwei Zentimetern Erde oder Humus bedecken und leicht andrücken.
5. Vorsichtig mit zimmerwarmem Wasser befeuchten, am besten mit einer Sprühflasche.

6. Damit die tropische Pflanze genügend Luftfeuchtigkeit bekommt, mit transparenter Folie abdecken und eine kleine Öffnung für den Luftaustausch lassen. Eventuell mit einem Stäbchen zeltartig aufstellen.

7. An einen hellen, warmen und zugfreien Platz ohne direkte Sonneneinstrahlung stellen.

8. Täglich mit der Sprühflasche befeuchten. Die Erde darf nicht zu nass werden, sonst schimmelt oder modert sie. Gelegentlich die Folie für einige Minuten öffnen oder entfernen, um für Luftaustausch zu sorgen.

So kann der Ingwer austreiben und erste grüne Spitzen in die Höhe recken. Zu Beginn des Frühjahrs, wenn die Sonne stärker wird und wieder für mehr Helligkeit sorgt, ist die beste Zeit, um den eigenen Ingweranbau zu starten.

Wenn sich nach ein paar Wochen der erste Trieb zeigt, ist es so weit, die Pflanze umzutopfen und an den sonnigsten Ort deines Zuhauses zu stellen. Achte darauf, die Pflanze langsam und schrittweise an die direkte Sonne zu gewöhnen, damit der Standortwechsel sie nicht überfordert.

Nach etwa acht bis zehn Monaten Geduld ist es dann so weit: Du kannst deine ersten selbst gezogenen Ingwerknollen ernten! Dass der richtige Zeitpunkt erreicht ist, erkennst du an den allmählich gelb werdenden Blättern.

Ingwer ernten

Ernte entweder gleich die gesamte Wurzel oder schneide ein großes Stück der Wurzel ab und belasse den Rest in der Erde für eine neue Pflanzung im nächsten Frühling. In dieser Vegetationspause sollte die Pflanze in einem dunklen, etwa zehn Grad kühlen Raum ohne Gießen überwintert werden. An einem zu warmen Standort würden Topf und verbleibende Pflanze unnötig austrocknen.

smarticular.net/ingwer-anbauen

▶ Weitere Gemüsesorten für Balkon, Terrasse und Wohnung

Folgende Pflanzen lassen sich ebenso problemlos auf kleinstem Raum aufziehen und mehrmals pro Jahr ernten:

- Feldsalat (im Blumenkasten oder in Töpfen)
- Kohlrabi (in ausreichend großen Töpfen)

- Kräuter aller Art (ideal direkt am Küchenfenster für den sofortigen Gebrauch)

Kübelpflanzen düngen

Alle Pflanzen benötigen zum Wachstum reichlich Nährstoffe. Die Versorgung ist im Blumenkasten oder Topf naturgemäß jedoch nicht so gut wie im Freien. Es fehlen Käfer, Larven und Würmer, die den Boden auflockern und mit Nährstoffen anreichern.

Aus diesem Grund sind eine gute Bodenvorbereitung und gezieltes Nachdüngen wichtig. Dafür eignen sich Kaffeesatz und andere Biodünger sowie Kompost aus einer Wurmkiste (siehe Seite 105).

smarticular.net/gemuese-wohnung

Essbare Blumen für den Balkon

Als Balkongärtner überlegst du dir vielleicht, was auf der begrenzten Fläche wachsen soll. Üppige Blütenpracht in den Kästen? Oder lieber Kräuter, Tomaten und andere essbare Pflanzen? Dabei kannst du auch beides haben!

Viele Blühpflanzen haben essbare Blüten, einige gelten sogar als Heilpflanzen. Frisch gepflückt, bereichern sie Salate und Süßspeisen, lassen sich als Sirup haltbar machen oder getrocknet als Tee verwenden.

Studentenblume

Alle Sorten der Studentenblume, auch als Tagetes bekannt, sind essbar, aber nur bestimmte sind auch lecker. Einige schmecken nach Zitrusfrüchten, andere nach Anis oder Lakritz. Schon im Blumenkasten macht sich die Studentenblume gegen die Wurzeln zerstörende Nematoden (Fadenwürmer) nützlich und schützt so andere Pflanzen in ihrer Nähe. Auch als Heilpflanze gegen Depressionen ist sie bekannt.

Ringelblume

Die Ringelblume wächst und blüht auf dem Balkon bis in den Herbst hinein. Die einjährige Pflanze stirbt zwar bei Frost ab, kommt aber im nächsten Frühjahr wieder, da die Samen sich leicht selbst aussäen und den Winter überstehen. Vielleicht kennst du die *Calendula* auch als Zutat von Cremes oder Salben, da sie entzündungshemmend wirkt und die Heilung von Hautwunden fördert.

Die frischen Blütenblättchen bereichern aber auch Salate mit ihrem angenehmen Geschmack, getrocknet geben sie Teemischungen eine aromatische Note. Ringelblumenbutter ist ein schmackhafter Brotaufstrich. Die klassischen gelborangen Sorten geben Speisen einen Gelbton, ähnlich wie Safran. Allerdings sollten sie nicht gekocht werden, da sich das leuchtende Gelb dann in einen Braunton verwandelt.

Gänseblümchen

Das Gänseblümchen wächst fast das ganze Jahr über, ist genügsam und blüht selbst auf kurz gehaltenen Rasenflächen, aber auch im Balkonkasten. Es sieht hübsch aus, und seine Blüten sind essbar. Sie bereichern Salate, Suppen und andere Gerichte sowohl kulinarisch mit leicht nussigem Geschmack als auch optisch durch die hübschen weißen bis gelben Blättchen.

Veilchen

Das eher kleinwüchsige, blau blühende Duftveilchen ist ein Frühblüher und betört mit seinem parfümartigen Duft und Geschmack. Auch Hornveilchen oder Stiefmütterchen sind essbar, riechen und schmecken nur nicht ganz so intensiv. Dafür sind sie besonders farbenprächtig. Das Veilchen lässt sich im Balkonkasten bestens mit anderen Pflanzen kombinieren, die sich erst später voll entfalten und ihm im Sommer Schatten spenden. Das Veilchen blüht früh im Jahr und mag große Hitze nicht.

Das Veilchen eignet sich besonders gut für Salate und Süßspeisen, zum Beispiel für Marmelade oder kandierte Veilchenblüten. Ein Veilchensirup hält den Duft des Frühlings das ganze Jahr über wach. Da dem Veilchen unter anderem eine beruhigende Wirkung zugeschrieben wird, eignet es sich sehr gut als Abendtee.

Wichtig: Usambara- und Alpenveilchen sind nicht mit dem heimischen Veilchen verwandt und auch nicht zum Verzehr geeignet!

Rosen

Der Geschmack der Rose ist einzigartig und wird zum Beispiel in Form von Rosenwasser zur Herstellung des klassischen Marzipans verwendet. Die Blütenblätter von Wild- und Kulturrosen der Gattung *Rosa* sind essbar und bereichern die Küche. Rosenblüten lassen sich kandieren, zu Marmelade und Sirup verarbeiten oder als liebliche Teemischung verwenden.

Kapuzinerkresse

Kapuzinerkresse beeindruckt mit dekorativen runden Blättern und hübschen Blüten in Sonnengelb bis Signalrot. Der würzige und leicht scharfe Geschmack von Blättern und Blüten verleiht Salaten, Soßen, Quark und Pesto einen besonderen Pfiff.

Kapuzinerkresse wächst kriechend oder hängend und eignet sich zum Beispiel hervorragend als Unterbepflanzung einer Kletterpflanze oder einer aufrecht wachsenden Pflanze.

Weitere Anwendungsmöglichkeiten

Sämtliche essbaren Blüten kannst du auch als Zutat für Kräutersalz verwenden. Für kühle Getränke lassen sich daraus dekorative Eiswürfel herstellen: In jedes Eiswürfelfach eine kleine Blüte oder einige Blütenblätter geben, mit Wasser aufgießen und im Eisfach gefrieren lassen.

Generell solltest du deine Pflanzen, wenn du sie essen willst, nicht im Baumarkt oder Gartencenter im Topf kaufen. Dort sind die Pflanzen meist gespritzt und nicht für den Verzehr geeignet.

smarticular.net/essbare-blumen

So wird der Balkon zum Kräutergarten

Frische Kräuter enthalten im Vergleich zu getrockneten Würzkräutern aus dem Supermarkt wesentlich mehr Vitalstoffe, schmecken besser und produzieren außerdem weniger Müll. Selbst wenn du nur einen kleinen Balkon hast, gelingt es, Kräuter anzupflanzen. Damit dein Mini-Kräutergarten auf dem Balkon ein Erfolg wird, solltest du einige Dinge beachten.

Entscheidend ist die Lage, denn auf einem Sonnenbalkon gedeihen andere Würzpflanzen als auf einem schattigen Austritt. Auch der Nährstoffbedarf und die Nachbarpflanzen spielen eine Rolle. Manche Kräuter mögen sich und wachsen besonders üppig in direkter Nachbarschaft. Andere haben unterschiedliche Bedürfnisse, und manche können sich einfach nicht leiden. Wähle am besten solche Pflanzen, die sich gut ergänzen und geschmacklich zusammenpassen.

▶ Mediterraner Südbalkon

Rosmarin, Salbei, Thymian und Oregano kommen aus dem Mittelmeerraum und brauchen viel direktes Licht. Ein Südbalkon ist für diese Sonnenanbeter genau das Richtige. Sie benötigen ansonsten wenig Pflege und stellen nur mäßige Ansprüche an Boden und Wasser. Außerdem brauchen sie wenig Nährstoffe und bevorzugen mageren, sandigen Boden. Staunässe ist Gift für sie.

Durch ihre ähnlichen Ansprüche ergänzen sich die Südländer hervorragend und können sogar nebeneinander in einen Kasten gepflanzt werden. Thymian hält durch seinen Geruch Blattläuse von sich und seinen Nachbarn fern. Salbei fördert das Wachstum anderer Pflanzen.

Wenn du noch mehr Platz hast, dann ergänze deinen mediterranen Kräutergarten doch mit Basilikum und Balkontomaten. Basilikum hält Schädlinge, Fliegen und Mücken fern von deiner Pflanzgesellschaft. Rosmarin fördert das Wachstum von Basilikum und verträgt sich ebenso mit Tomaten.

Auch ein Töpfchen Bohnenkraut passt gut in diese Runde, ganz besonders zum Thymian. Es empfiehlt sich, zwischen all diese Kräuter nach Belieben Knoblauch zu setzen, denn er vertreibt Blattläuse und ergänzt die anderen Gewächse zudem geschmacklich wunderbar. Majoran solltest du hingegen lieber nicht dazupflanzen, denn er verträgt sich nicht mit Thymian.

▶ Ost- oder Westbalkon

Schnittlauch, Petersilie und Dill bevorzugen Halbschatten. Eine Fensterbank auf dem Ost- oder Westbalkon ist hier die richtige Wahl. Nährstoffreiche Erde, am besten aus Kompost, und eine gleichmäßige Wasserversorgung sind wichtig.

Die klassischen Küchenkräuter passen gut zusammen, sowohl im Balkonkasten als auch in der Küche. Dazu kannst du noch Radieschen, Garten- und Kapuzinerkresse pflanzen, die sich gut vertragen und genauso ein halbschattiges Plätzchen lieben. Petersilie wächst ebenfalls gern neben Radieschen.

Ergänzen lässt sich die Runde bei ausreichend Platz mit Borretsch und Gurke, die gut zusammen gedeihen und sich auch geschmacklich ähneln. Inzwischen gibt es Gurkensorten im Kleinstformat, sodass diese Kombination auch auf dem Balkon möglich ist. Knoblauch verträgt neben sonnigen Plätzen auch Halbschatten und lässt sich dazwischenpflanzen. Estragon sollte ausgelassen werden, denn er verträgt sich nicht mit Dill.

▶ Kräuter für den Nordbalkon

Wer einen Nordbalkon sein Eigen nennt, muss nicht verzweifeln. Es gibt einige Kräuter, die sich im Schatten besonders wohl fühlen. Bärlauch oder Wunderlauch stehen gern schattig und feucht und bereichern Salate, Soßen oder Pesto. Auch Waldmeister und Pfefferminze sind mit einem Schattenplatz zufrieden. Pfefferminze sollte nicht mit Kamille in direkter Nachbarschaft wachsen.

Waldmeister ist als Grundlage für die berühmte Maibowle unverzichtbar, die durch Minze und Walderdbeeren einen ganz besonderen Pfiff bekommt. Diese schattenverträgliche Erdbeersorte ist nicht nur für die Lichtverhältnisse auf einem Nordbalkon geeignet, sondern auch für begrenzte Platzverhältnisse.

Brunnenkresse bevorzugt neben einem sonnenarmen Standort ein möglichst feuchtes Plätzchen. Die Pflanzen auf deinem Schattenbalkon sollten immer gut mit Nährstoffen versorgt werden, zum Beispiel mit Humusboden aus dem Wurmkomposter (siehe Seite 105).

Tipp: Am Ende des Sommers kannst du deinen Kräuterbalkon großzügig abernten und die Kräuter trocknen.

smarticular.net/kraeuterbalkon

Vertikales Gärtnern – mehr Ertrag auf kleinstem Raum

Wenn du nur einen kleinen Garten oder Balkon hast, sind die horizontalen Grenzen eng gesteckt, jedoch ist meistens nach oben Luft. Statt nur die Balkonbrüstung mit Blumenkästen auszustatten, empfiehlt es sich, mit ungewöhnlichen, selbst gemachten Pflanzbehältern vertikal zu gärtnern und die volle Höhe deines Minigartens für schöne und essbare Pflanzen zu nutzen.

▶ Mehr Blütenpracht und Ernte

Für vertikales Gärtnern stehen dir viele Lösungen offen. Mit vielen übrig gebliebenen Dingen aus Haus und Garten lässt sich mit geringem Aufwand ein individueller dreidimensionaler Garten schaffen.

Blumenampeln, die mit einem Haken an Decke oder Wand befestigt werden, nutzen den Platz oberhalb der Balkonbrüstung für hängende Pflanzen.

Erdbeertöpfe optimieren die Raumausnutzung in Bodennähe. Sie bieten durch Ausbuchtungen an den Seiten Pflanzfläche auf mehreren Ebenen. Davon profitieren Erdbeeren, die mit Ausläufern die unteren Etagen von selbst besiedeln, und Kräuter wie die Kapuzinerkresse besonders.

Eine Leiter, einfach an die Wand gelehnt, bietet auf ihren Trittstufen Platz für viele Blumentöpfe oder -kästen.

Ein ausgedienter Schuhorganizer, möglichst aus unschädlichem Textil und ohne Plastik, kann als multiples Pflanzgefäß an eine Wand gehängt werden.

Eine ausrangierte Europalette gestaltest du ganz einfach zu einem platzsparenden Pflanzregal um.

Mit einem Rankgitter an einem größeren Topf oder Kübel erhalten Kletterpflanzen eine Platzerweiterung nach oben und sorgen gleichzeitig für Schutz vor zu viel Sonne oder neugierigen Nachbarn. Erbsen, Bohnen, Snackgurken oder sogar dein eigener Weingarten gedeihen hier auf kleinster Fläche. Um die zusätzliche Wand noch intensiver zu nutzen, lassen sich mit Haken noch weitere Töpfe an das grün berankte Gitter hängen.

▶ Pflanzturm aus Töpfen

Mit einem Stab kannst du klassische Tontöpfe in verschiedenen Größen zu einem Pflanzturm aufeinanderstapeln. Dafür werden mehrere Tontöpfe mit Loch im Boden in unterschiedlichen Größen gebraucht, zum Beispiel mit 10 bis 40 Zentimetern Durchmesser, außerdem ein dünner Stab, Pflanzerde und eventuell ein Lochziegel.

So wird der Turm gebaut:

1. Den größten Topf mit Erde befüllen und möglichst fest andrücken, damit die Erde und damit der ganze Turm nicht beim ersten Gießen in sich zusammenfällt.

2. Den Stab bis zum Boden des Topfes in die Erde stecken, er verbindet die einzelnen Töpfe miteinander. Ein Lochziegel am Boden des untersten Topfes hilft, den Stab zusätzlich zu befestigen.

3. Den nächstgrößeren Topf von oben auf die Stange fädeln und auf die Erde des ersten Topfes stellen oder ein paar Zentimeter eingraben und ebenfalls mit Erde füllen.

4. Auf diese Weise alle Töpfe zu einem Turm verbinden.

Besonders schön sieht es aus, wenn du in deinem Turm stehende und hängende Pflanzen kombinierst, sodass mit der Zeit ein grüner Wasserfall entsteht. Gemüsepflanzen wie Radieschen, Rucola und Salat eignen sich auch für kleine Flächen und können durch hängende Blumen oder Kräuter ergänzt werden.

smarticular.net/vertikaler-garten

Insekten fernhalten

Trotz aller Bemühungen, Balkon und Garten natürlicher und tierfreundlicher zu gestalten, kommt es manchmal vor, dass stechende Insekten als störend oder sogar bedrohlich wahrgenommen werden. Damit sie nicht zur Gefahr für Kinder werden oder juckende Stiche hinterlassen, ist es ratsam, ebenfalls zu natürlichen Mitteln zu greifen, die sie fernzuhalten, ohne sie zu töten.

Wespen effektiv und schonend vertreiben

Auf der Suche nach Süßem landen Wespen gern auf unserem Marmeladenbrötchen oder im Saftglas und werden somit schnell zur Plage. Dabei sind Wespen sehr nützliche Insekten – sie zu töten, würde mehr schaden als nutzen. Mit Duftstoffen lassen sich die Insekten gut vertreiben, denn um Gerüche, die sie nicht mögen, machen sie einen großen Bogen. Mit folgenden Tipps kannst du sie effektiv fernhalten, ohne sie umzubringen.

Gewürznelken

Tränke Gewürznelken in Orangenöl oder Zitronensaft und stelle sie in einem Schälchen auf den Tisch, und die Wespen werden diesen Ort meiden.

Räucherstäbchen

Zünde auf dem Tisch Räucherstäbchen an. Rauch ist ein Alarmsignal für alle Insekten. So bleiben dir die Wespen (aber auch Mücken) vom Leib.

Lavendel

Wenn ab Mitte Juli der Lavendel in voller Blüte steht, probiere doch einmal, Lavendelstängel mitsamt den Blüten zu kleinen Sträußen zu binden und an der Terrasse oder auf dem Balkon aufzuhängen. Der Duft hilft, Wespen fernzuhalten, auch wenn die Blüten getrocknet sind.

Kaffeesatz

Der beste Trick, um Wespen zu vertreiben, ist glimmender oder räuchernder Kaffeesatz. Du brauchst dafür nichts weiter als Kaffeesatz (frisches Kaffeepulver funktioniert auch) und ein feuerfestes Schälchen. Fülle das Kaffeepulver in das Schälchen und zünde es an. Das Pulver schwelt langsam vor sich hin und vertreibt mit seinem Geruch die Wespen.

Auch möglich: Verwende ein Räucherstövchen mit Teelicht, um den Kaffeesatz sanft zum Glimmen zu bringen und mit dem feinen Rauch Mücken, Wespen & Co. effektiv fernzuhalten. Mit dem Stövchen kannst du nicht nur Kaffeesatz räuchern, sondern auch viele andere frische oder getrocknete Kräuter wie Salbei oder Teemischungen.

smarticular.net/wespen-fernhalten

Biomückenspray selber machen

Statt die summenden Blutsauger mit giftiger Chemie zu bekämpfen, gibt es ein paar einfache, natürliche und effektive Alternativen.

Zur Herstellung von 100 Millilitern eines wirksamen Mückensprays sind erforderlich:

4 EL	Alkohol mit mindestens 40 % Vol. (zum Beispiel „Prima Sprit"-Ansatzalkohol oder Wodka)
	abgekochtes Wasser
7–10 Tr.	ätherische Öle (z. B. 5 Tr. Citronella und 3 Tr. Eukalyptus)
	kleine Sprühflasche (100 ml Fassungsvermögen)

Am besten gegen Mücken wirken die ätherischen Öle von Citronella und Eukalyptus. Sie sind lange bewährt und sind in vielen Bioprodukten gegen Insekten enthalten. Möglich ist auch, Teebaumöl mit Lavendelöl zu mischen oder Palmarosa-, Rosengeranien-, Pfefferminz- oder Niemöl zu verwenden.

Für die Zubereitung einfach Alkohol mit ätherischen Ölen vermengen und zusammen mit abgekochtem Leitungswasser in eine Sprayflasche füllen. Vor jeder Anwendung nochmals kurz schütteln.

smarticular.net/mueckenspray

Verarbeitung und Rezepte

Wenn Zucchini, Tomaten, Erdbeeren und andere Obst- und Gemüsesorten reifen, dann stehen oft in kurzer Zeit viel mehr Früchte zur Verfügung, als sofort gegessen werden können. Während manche Sorten über Wochen oder sogar Monate hinweg lagerfähig sind, etwa Äpfel oder Kartoffeln, müssen andere haltbar gemacht werden, damit die reiche Ernte nicht verdirbt. Die wichtigsten Konservierungsmethoden für zu Hause haben wir im letzten Kapitel dieses Buches zusammengefasst.

Einkochen für Einsteiger

Durch Einkochen lassen sich viele Lebensmittel konservieren, so auch Obst und Gemüse aus dem Garten. Dabei werden Keime durch die Hitze abgetötet. Weil in den Gläsern ein Vakuum entsteht, wird verhindert, dass neue Keime eindringen. So bleiben Lebensmittel im Idealfall für mehrere Jahre haltbar. Es ist eine nützliche Ergänzung zum Einmachen oder Einwecken, bei dem durch hohen Säure- oder Zuckergehalt Keime in Schach, aber nicht ganz ferngehalten werden.

Falls du öfter einkochen möchtest, lohnt es sich vielleicht, einen Einkochautomaten zu verwenden, aber es klappt auch ohne. Mit der folgenden einfachen Anleitung für Anfänger gelingt der Einstieg ins Einkochen ohne zusätzliches Zubehör.

▶ Einkochen Schritt für Schritt

Am einfachsten lassen sich Obst und eiweißarme Gemüsesorten einkochen. Aber auch fast alle anderen Lebensmittel eignen sich für diese Art der Konservierung. Damit es nicht zu vorzeitigem Verderb, Schimmel oder sogar einer lebensgefährlichen Fleischvergiftung (Botulismus) kommt, sind je nach Lebensmittel bestimmte Vorgehensweisen strikt einzuhalten. Die grundsätzliche Methode funktioniert in allen Fällen gleich.

Um deine eigenen Obst- und Gemüsekonserven einzukochen, brauchst du:

- Obst oder Gemüse (zum Beispiel Pflaumen, Kirschen oder Birnen, Zucchini, Rote Bete oder Kürbis)
- Gläser mit Schraubdeckel oder Einmachgläser mit Glasdeckel, Gummiringen und Klammern
- einen großen Topf, in dem die Gläser zu mindestens drei Vierteln mit Wasser bedeckt werden können

So wird's gemacht:

1. Gläser, Deckel, Gummiringe und Werkzeug, das mit dem Einkochgut in Berührung kommt, desinfizieren, zum Beispiel mit kochendem Wasser oder in einer heißen Sodalösung.
2. Obst bzw. Gemüse waschen, bei Bedarf schälen und Kerne entfernen, Druck- und Schadstellen herausschneiden. Größere Stücke und ganze Früchte eventuell vor dem Einkochen vorgaren.
3. Die Stücke bis einige Zentimeter unter den Rand in die Gläser füllen und mit Flüssigkeit (Zucker-, Salz- oder Essigwasser je nach Einkochgut) aufgießen, sodass noch etwas Platz zum Rand bleibt. Glasränder sauber wischen und die Gläser verschließen.
4. Ein gefaltetes Geschirrtuch in den Topf legen, um zu hohe Temperaturunterschiede zwischen Topfboden und Gläsern auszugleichen. Gläser mit etwas Abstand zueinander in den Topf stellen.

5. Passend zur Temperatur der Gläser mit heißem oder kaltem Wasser auffüllen, sodass die Gläser zu etwa drei Vierteln mit Wasser bedeckt sind, und langsam erhitzen.

6. Wenn das Wasser sprudelnd kocht, je nach Einkochgut zwischen 10 und 90 Minuten lang (siehe Tabelle auf Seite 178) mit geschlossenem Topfdeckel einkochen.

7. Vor dem Herausnehmen mindestens zehn Minuten lang auskühlen lassen.

Nach dem Erkalten ist es ratsam zu überprüfen, ob in den Gläsern ein Vakuum entstanden ist. Die Deckel von Schraubgläsern geben dann nicht nach, Einmachgläser sind durch den Unterdruck fest verschlossen, nachdem die Halteklammern abgenommen wurden.

Wie lange und wie heiß einkochen?

Für süßes Obst, Säfte und bereits vorgegartes Gemüse in kleinen Stücken können Einkochzeiten ab zehn Minuten ausreichen. Rohe, harte oder ganze Früchte sowie große Stücke und eiweißreiche Lebensmittel erfordern längere Zeiten von bis zu 90–120 Minuten.

Die Temperatur beim Einkochen muss mindestens 60 °C betragen, um Keime im Glas für eine verlängerte Haltbarkeit ausreichend zu reduzieren. Bei 80 bis 100 °C wird der Glasinhalt je nach Einkochdauer nahezu keimfrei. In den folgenden Tabellen findest du Referenzwerte, die sich auch auf ähnliche Sorten anwenden lassen.

Rohes Obst

Sorte	*Einkochzeit*	*Temperatur*
Äpfel	40 min.	85 °C
Aprikosen	30 min.	85 °C
Birnen	80 min.	90 °C
Kirschen	30 min.	80 °C
Pflaumen	30 min.	90 °C
Preiselbeeren	25 min.	90 °C

Rohes Gemüse

Sorte	*Einkochzeit*	*Temperatur*
Blumenkohl	90 min.	100 °C
Gurken	30 min.	100 °C
Kürbis	30 min.	90 °C
Rote Bete	45 min.	100 °C
Tomaten	30 min.	85 °C
Zucchini	30 min.	90 °C

Verkochtes Gemüse

Gemüse	*Einkochzeit*	*Temperatur*
Bohnen	60 min.	100 °C
Kichererbsen	120 min.	100 °C
Möhren	60 min.	100 °C
Rote Bete	20 min.	100 °C
Zucchini	10 min.	90 °C

Proteinhaltige Gerichte, Suppen, Soßen und Gebäck

Gericht	*Einkochzeit*	*Temperatur*
Fleischgerichte	je nach Rezept mind. 5 min.	100 °C
Suppen und Eintöpfe	je nach Rezept mind. 60 min.	100 °C
Soßen	60 min.	100 °C
Brot und Kuchen	30 min.	90 °C

Wie lange ist Eingekochtes haltbar?

Bei 60 bis 90 °C pasteurisiertes Einkochgut ist mehrere Monate bis zu einem Jahr lang haltbar, bei 100 °C und mehr nahezu unbegrenzt, sofern die erforderliche Einkochdauer eingehalten wurde. Die Gläser sollten kühl und dunkel (zum Beispiel in einer Vorratskammer) aufbewahrt werden, um Geschmack und Konsistenz zu schonen.

Im Backofen einkochen

Das Einkochen in einem Wasserbad im Backofen ist ebenfalls möglich. Je tiefer die Gläser im Wasser stehen, desto gleichmäßiger ist die Temperatur beim Einkochen und desto zuverlässiger ist die Haltbarkeit. Am besten eignen sich dafür eine Saftpfanne oder eine Auflaufform mit höherem Rand. Trockenes Einkochen wird zwar hin und wieder empfohlen, ist jedoch aufgrund von Temperaturschwankungen und der langsameren Übertragung der Hitze auf Glas und Inhalt weniger sicher. Zudem schadet die trockene Hitze den Dichtungsgummis.

smarticular.net/einkochen

Trocknen mit und ohne Backofen

Dörren ist eine der gesündesten und schonendsten Methoden, Beeren, Kräuter, Obst und Gemüse haltbar zu machen. Einen Dörrautomaten anzuschaffen, ist jedoch nur dann sinnvoll, wenn regelmäßig größere Mengen auf diese Weise haltbar gemacht werden sollen. Für die meisten Gelegenheiten ist der Backofen als preiswerter „Trockner“ völlig ausreichend. Darin werden Früchte, Kräuter & Co. genauso schonend und fast genauso energieeffizient gedörrt wie im Automaten.

Sparsam und vitaminschonend trocknen im Backofen

Um möglichst viele Vitamine in Früchten und Pflanzenteilen zu erhalten, empfiehlt sich das Trocknen bei einer Temperatur von etwa 40 °C. Die meisten Modelle heizen sich schon allein durch das Einschalten der Beleuchtung ausreichend auf. Da viele Backöfen bei geringen Temperaturen starke Schwankungen aufweisen, lohnt es sich, sie mit einem Backofenthermometer zu überprüfen. Bei weniger als 50 °C reicht dafür meist auch ein Raumthermometer.

Zum schnellen Trocknen ist ein Ofen mit Umluftbetrieb empfehlenswert. Denn durch den permanenten Luftzug sind kleinere Früchte und dünne Scheiben oft schon nach wenigen Stunden fertig gedörrt. Damit die mit Feuchtigkeit gesättigte Luft abziehen kann und die Früchte schneller trocknen, ist es hilfreich, die Ofentür einen Spaltbreit offen zu lassen. Dafür empfiehlt es sich, zum Beispiel einen Kochlöffelstiel in die Tür zu klemmen.

Wer sich wegen eines zu hohen Energieverbrauchs beim stundenlangen Trocknen sorgt, kann beruhigt sein: Beim Dörren von Beeren im Backofen haben wir festgestellt, dass beim Einschalten der Beleuchtung lediglich etwa 0,065 kWh pro Stunde verbraucht werden. Bei einer Temperatur von 50 °C waren es 0,11 kWh (etwa 3 Cent). Wenn die Ofentür etwa zwei Zentimeter weit geöffnet war, lag der Verbrauch bei etwa 0,21 kWh (etwa 6 Cent) pro Stunde. Ein Dörrautomat benötigt dafür ähnlich viel Strom.

▶ Alternativen zum Dörren im Backofen

Wenn du lieber ohne Strom trocknen möchtest, kannst du Früchte und Kräuter auch an der Luft trocknen. Das klappt besonders gut im Sommer oder in der Nähe einer Heizung. Achte jedoch darauf, dass Früchte und Kräuter beim Trocknen nicht dem direkten Sonnenlicht ausgesetzt sind. Es ist möglich, eine geeignete Unterlage, auch Darre genannt, selbst zu bauen. Bespanne dafür einen alten Bilderrahmen, eine Schublade, bei der der Boden entfernt wird, oder einen selbst gebauten Holzrahmen mit engmaschigem Gitter (zum Beispiel Fliegengitter), sodass das Trockengut von allen Seiten gut belüftet wird. An einem luftigen, wettergeschützten Ort aufstellen, zum Beispiel einem warmen Dachboden, und die Früchte täglich wenden.

▶ Trockengut für die Trocknung vorbereiten

Egal, auf welche Weise du dörren möchtest, mit den folgenden Tipps erzielst du ein optimales Ergebnis:

- Keine tropfnassen Früchte verwenden.
- Fallobst oder Früchte mit Faulstellen aussortieren.
- Kräuter und Beeren im Ganzen trocknen, größere Früchte und Gemüse in Scheiben schneiden.
- Feste Gemüsesorten vor dem Trocknen kurz blanchieren.

- Sehr saftige Obststücke oder Tomatenscheiben vor dem Dörren trocken tupfen und im Backofen oder Dörrgerät ganz nach unten legen.
- Nach Sorten trennen, um bereits fertiges Trockengut früher entnehmen zu können.
- Stücke einzeln mit etwas Abstand auslegen, um eine gleichmäßige Trocknung zu ermöglichen.
- Bei längerer Trocknungszeit regelmäßig kontrollieren und wenden.
- Gedörrte Lebensmittel luftdicht verschlossen aufbewahren, am besten in Schraubgläsern.

smarticular.net/doerren-im-backofen

Gemüse fermentieren

Für gesundheitsbewusste Genießer eignet sich Fermentieren ideal, um auf genussvolle Weise frisches Gemüse länger haltbar und besser verdaulich zu machen. Für diese Konservierungsmethode werden nur Wasser, Salz und bei Bedarf noch Essig oder Gewürze benötigt. Fermentiertes Gemüse ist besonders aromatisch und enthält viele Vitamine und probiotische Bakterien. Die Lebensmittel stärken das Immunsystem, und die enthaltenen Bakterienkulturen sorgen für eine gesunde Darmflora.

Achtung: Bei Histaminintoleranz ist von dem Verzehr fermentierter Lebensmittel abzuraten. Es könnten Allergiesymptome wie Schnupfen, Übelkeit, Migräne oder Hautirritationen auftreten.

Gemüse selbst fermentieren

Zum Fermentieren können im Prinzip alle Gemüsesorten verwendet werden. Festes Gemüse wie Karotten, Rüben, Rote Bete, Rettich, Sellerie oder sämtliche Kohlsorten eignen sich am besten. Es ist wichtig, keimfrei zu arbeiten. Reinige am besten die Schneideunterlage mit kochendem Wasser und wasche die Hände gründlich.

Zum Fermentieren werden benötigt:

- naturbelassenes, hochwertiges Salz (20 g Salz je 1 kg Gemüse)
- Glasbehälter, Rumtopf oder einen Kaffeebereiter mit Press-System
- Einmachgläser oder Gläser mit luftdichtem Schraubverschluss

So gehst du vor:

1. Gemüse raspeln, schneiden oder hobeln. Je kleiner die Stücke sind, desto schneller sind sie fermentiert.
2. Salz über das Gemüse streuen.
3. Die Mischung für mehrere Minuten durchrühren, damit Saft austritt. Besonders hartes Gemüse eventuell zusätzlich stampfen, damit mehr Flüssigkeit austritt.
4. Gemüse möglichst dicht ohne große Zwischenräume in einen sterilen Behälter geben und die Masse zusätzlich beschweren, je nach Größe des Behälters mit einer Untertasse, einem gefüllten Wasserglas und/oder einem Stein.
5. Einen Deckel oder ein Tuch über das Gefäß legen, sodass entstehende Gase entweichen können. Milchsäurebakterien mögen keinen Sauerstoff, deshalb ist es wichtig, dass das Gemüse innerhalb von 24 Stunden komplett mit Flüssigkeit bedeckt ist. Andernfalls könnte sich Schimmel bilden und alles ungenießbar machen.
6. Sollte am nächsten Tag nicht genügend Saft ausgetreten sein, etwas Salzlake dazugießen. Dafür einen Liter Wasser mit 20 Gramm Salz aufkochen und abkühlen lassen, bevor es zum Gemüse gegossen wird.
7. Für die nächsten fünf bis zehn Tage das Gemüse im Behälter bei Raumtemperatur aufbewahren.

Nach kurzer Zeit startet der Gärprozess, und es sind Luftblasen erkennbar. Sobald sich keine Bläschen mehr bilden, ist die Fermentation abgeschlossen. Fülle das Gemüse samt Lake in verschließbare Gläser. An einem kühlen, dunklen Ort lassen sich fermentierte Lebensmittel bis zu sechs Monate lang aufbewahren.

smarticular.net/fermentieren

Gemüse süß-sauer einkochen

Neben den bekannten Klassikern wie Gurken, Zwiebeln, Paprika und Sellerie eignen sich fast alle anderen Gemüsesorten aus dem Garten für die süß-saure Konservierung durch Einkochen, hier erklärt am Beispiel der Zucchini. Das Sauer-Einlegen in einem Essigsud geht schnell und sorgt dafür, dass die Früchte lange haltbar bleiben.

Zucchini könnte man als echtes Anfängergemüse bezeichnen. Die anspruchslosen Pflanzen wachsen ohne besondere Pflege und bringen im Sommer meist eine überreichliche Ernte, die verarbeitet werden will.

Dafür sind nur wenige Zutaten notwendig, die du nach Geschmack variieren kannst:

- **2 kg** Zucchini (oder andere Gemüsesorten)
- **2** Zwiebeln
- **750 ml** Tafelessig, Weißweinessig oder Apfelessig
- **500 ml** Wasser
- **300 g** Zucker
- **2–3 EL** Salz
- **2 EL** fertige Gurkengewürzmischung zum Einlegen oder eine eigene Mischung, zum Beispiel aus Dillzweigen, Senfkörnern, Koriandersamen, Piment, Fenchel (Körner und Kraut), Wacholderbeeren und Nelken
- heiß ausgespülte Schraub- oder Bügelgläser
- Knoblauch, Meerrettich oder Chili (optional)

So wird der süß-saure Zucchini-Vorrat angelegt:

1. Zucchini waschen, die Enden entfernen und das Fruchtfleisch in mundgerechte Stücke schneiden. Bei sehr großen und weichen Exemplaren auch die Kerne entfernen.

2. Zwiebeln in Ringe schneiden.

3. Essig, Wasser, Zucker, Salz, Senfkörner und die anderen Gewürze und Kräuter in einem großen Topf aufkochen.

4. Zucchinistücke hinzufügen und kurz mitkochen lassen, je nach Größe bis zu sechs Minuten.

5. Die Zucchinistücke mit einem Schaumlöffel herausnehmen und abwechselnd Zucchini und Zwiebeln in Gläser schichten. Mit dem noch heißen Sud randvoll aufgießen. Gläser verschließen und abkühlen lassen.

Die eingelegten Zucchini sollten für den optimalen Geschmack mindestens 24 Stunden lang durchziehen. Kühl und dunkel aufbewahrt, sind sie mehrere Monate lang haltbar.

smarticular.net/zucchini-suess-sauer

Auf zum Selbermachen!

Wir hoffen, dass dieses Buch dich ein wenig inspiriert und deine Neugier für alternative Lösungsansätze geweckt oder verstärkt hat. Selbst wenn du nur einige wenige der Ideen in deinen Alltag aufnimmst, hat das Buch sein Ziel erreicht.

Ganz besonders freuen wir uns über Rückmeldungen unserer Leserschaft. Wir lernen ständig dazu, erweitern und optimieren regelmäßig die Anleitungen. Damit du immer auf dem neuesten Stand bleibst, empfehlen wir dir den Besuch der Seite:

smarticular.net/selber-machen-garten-balkon

Dort findest du aktuelle Informationen zum Buch, hast die Möglichkeit, Anmerkungen, Lob oder Kritik zu hinterlassen, Fragen an uns zu richten und wichtige Verbesserungen zu einzelnen Tipps nachzulesen.

Viele Anleitungen in diesem Buch sind mit Verweisen zu Beiträgen auf smarticular.net versehen. Wenn du sie besuchst, kannst du zu jedem Beitrag Bilder und die aktuellen Informationen erhalten sowie hilfreiche Kommentare verfolgen.

Selbstverständlich freuen wir uns, wenn dich auch andere Themen auf smarticular.net interessieren. Damit du immer auf dem Laufenden bleibst, empfehlen wir dir, unseren Newsletter über die Website zu abonnieren und uns in den sozialen Netzwerken zu folgen.

Bezugsquellen für Saatgut

Arche Noah:	arche-noah.at
Artha Samengärtnerei:	arthasamen.ch
Bingenheimer-Saatgut:	bingenheimersaatgut.de
Biosaatgut:	bio-saatgut.de
Dreschflegel-Saatgut:	dreschflegel-saatgut.de
Garten des Lebens:	garten-des-lebens.de
Gemeinsam Landwirtschaften Ochsenherz:	ochsenherz.at
Grüner Tiger:	gruenertiger.de
Reinsaat:	reinsaat.at
Rühlemanns:	kraeuter-und-duftpflanzen.de
Samen-Meier:	samen-maier.at
Sativa:	sativa-biosaatgut.de
Verein zur Erhaltung der Nutzpflanzenvielfalt e. V.:	nutzpflanzenvielfalt.de
Vern:	vern.de
Zollinger – Schweizer Samenzüchter:	zollinger.bio

Literatur zum Weiterlesen

Bachmann, Christoph; Bührer, Eva; Forster, Kurt: Permakultur, Haupt Verlag, Bern 2017

Bross-Burkhardt, Brunhilde: Lob des Unkrauts, Haupt Verlag, Bern 2015

Heistinger, Andrea; Verein Arche Noah: Basiswissen Selbstversorgung, Löwenzahn Verlag, Innsbruck 2018

Hirsch, Siegrid; Grünberger, Felix: Die Kräuter in meinem Garten, Freya Verlag, Linz 2014

Mehr hilfreiche Buchtipps: smarticular.net/garten-buecher

Stichwortverzeichnis

Bildverzeichnis

Alle Fotos und Grafiken smarticular.net außer:

shutterstock.com - 13Smile 127 / Abi's Photos 54 / alexmak7 89 l / Andrei Mayatnik 101 / Andrey Pavlov 139 / Anna Gratys 86 r / Anna Hoychuk 85 r / Annara 171 l / avoferten 84 r / Bildagentur Zoonar GmbH 30, 41 / bitt24 181 r / Bjoern Wylezich 32 Rosmarin / Bychykhin Olexandr 178 / casanisa 181 l / ChWeiss 163 l / Cosmin Manci 137 l / DAwee 130 / Del Boy 16 / Dionisvera 31 Lavendel, 32 Thymian / DGLimages 97 / Diana Taliun 63 / Dmytro Lopatenko 146 / Edda Dupree 153 / EduardSV 73 / Elena Masiutkina 122 / emka74 145 / encierro 8 / Evan Lorne 98 / Evano 161 r, u3 / Finecki 166 / FotoHelin 34 / fotoknips 70, u2 / Franz Peter Rudolf 169 / Gabor Tinz 147 / Galina Grebenyuk 93 / Galyna Andrushko 37, u2 / Hans Geel 157 l / HartmutMorgenthal 87 r / Heike Rau 155 / Hellwig 173 / HETIZIA 88, u2 / Icms 150, u3 / itakdalee 174 / J Davidson 161 l / j_jeera 172 r / Jariya Thonguthum 119 / Jaromir Klein 92 / JS Images 152 / KaliAntye 51 / KariDesign 96 / Kateryna Ovcharenko 42 / Kitti Tantibankul 102 / Konrad Mostert 117 / kram9 43 / LaineN 177 / leonori 12 / Lisa S. 131 l / Madlen 32 Johanniskraut / Manfred Ruckszio 84 l / manfredxy 143 / MARGRIT HIRSCH 120 / marina kuchenbecker 87 l / Marius GODOI 72 / Medvedeva Oxana 131 r / Miriam Doerr Martin Frommherz 49 / Miroslav Hlavko 141, u3 / Mona Makela 69 / mutsu7211 163 r / nada54 86 l / Nature Art 6 / Nella 31 Kamille / Nestor Rizhniak 138 / Nic Keller 133 / Nikolay Antonov 105 / nnattalli 94 / Oksana Shufrych 89 r / Oleksandrum 128 / Oliver Hoffmann 168 / OMMB 56 / Orest lyzhechka 67 / parasolia 157 r / Peter Ferm 111 / Plotitsyna NiNa 66 / Scisetti Alfio 31 Salbei, 32 Zitronenmelisse, Pfefferminze / S.O.E 46, u2 / simona pavan 85 l / Stanley Dullea 33 / Swapan Photography 47 / Tatiana Volgutova 62 / Tunatura 125 / TwilightArtPictures 129 / Udo Kroener 39 / Valery Rybakow 61 / vvoe 137 r / wsf-s 60 / zummolo 53

Fünf Hausmittel ersetzen eine Drogerie
ISBN: 978-3-946658-00-9

Zwischen 40 und 60 verschiedene Wasch- und Putzmittel, Tabs, Seifen und Shampoos haben die meisten zu Hause. Warum eigentlich? Auch wenn die Werbung es anders suggeriert, sind die meisten Drogerieprodukte überflüssig.

Denn mit Natron, Soda, Essig, Zitronensäure und Kernseife lassen sich fast alle Drogerieprodukte ersetzen und viele Herausforderungen des Alltags lösen. Lass dich inspirieren von den nachhaltigen, gesunden Alternativen zu zahlreichen Drogerieprodukten und mach auch dein Leben ein bisschen grüner!

Deodorant aus nur drei Zutaten, Bio-Waschmittel zu einem Bruchteil der üblichen Kosten, Allzweckreiniger, Zahncreme und noch viel mehr kann jeder leicht selbst herstellen und nebenbei eine ganze Menge Geld, Verpackungsmaterial und unnötige Chemikalien einsparen.

Das Natron Handbuch
ISBN: 978-3-946658-16-0

Das Essig Handbuch
ISBN: 978-3-946658-40-5

Selber machen statt kaufen – Küche
ISBN: 978-3-946658-03-0

Selber machen statt kaufen – Haut und Haar
ISBN: 978-3-946658-09-2

Selber machen statt kaufen – Vegane Küche
ISBN: 978-3-946658-60-3

Vergiss künstliche, ungesunde und umweltbelastende Fertigprodukte, denn viele bessere Alternativen kann jeder leicht zu Hause selber machen. Sie sind gesünder, besser für die Umwelt, fast immer preiswerter als konventionelle Fertigprodukte – und sie machen einfach Spaß!

Unsere besten Anleitungen und Ideen zum Selbermachen haben wir in den Büchern der Reihe Selber machen statt kaufen zusammengefasst. Lass dich inspirieren und mach auch dein Leben ein bisschen grüner!